中等职业学校数控技术应用专业改革发展创新系列教材

AutoCAD实训教程

主　编　王昌玉　郭世俊　马有昂
副主编　郑　权　方亚娟
参　编　李灵敏　张栋梁　李小龙

中国铁道出版社
CHINA RAILWAY PUBLISHING HOUSE

内 容 简 介

《AutoCAD 实训教程》是为了适应中等职业教育的发展需要，由铁道出版社组织编写的改革发展创新型系列教材之一。

全书共分 13 个项目：AutoCAD 2007 入门引导；绘制线性对象组成的平面图形；绘制圆弧组成的平面图形；快速准确的绘图工具；复杂形状平面图形绘制和多视图绘制技巧；多视图绘制技巧；文字与表格；尺寸标注；机械工程图的绘制；建筑平面图形的绘制；三维造型的生成；图形的输入/输出；综合实训。书中案例图形绘制步骤详细，并配有相关练习和实训。

本书适合作为中等职业学校数控技术应用专业教材。也可作为岗位培训教材及有关人员的自学用书。

图书在版编目(CIP)数据

AutoCAD 实训教程 /王昌玉，郭世俊，马有昂主编.
—北京：中国铁道出版社，2012.8
中等职业学校数控技术应用专业改革发展创新系列教材
ISBN 978-7-113-14874-4

Ⅰ. ①A…　Ⅱ. ①王…②郭…③马　Ⅲ. ①AutoCAD 软件－中等韦业学校－教材　Ⅳ. ①TP391.72

中国版本图书馆 CIP 数据核字(2011)第 165284 号

书　　名： AutoCAD 实训教程
作　　者： 王昌玉　郭世俊　马有昂　主编

策　　划： 陈　文　　　　**读者热线：** 400-668-0820
责任编辑： 李中宝
编辑助理： 赵文婕
封面设计： 刘　颖
封面制作： 刘　颖
责任印制： 李　佳

出版发行： 中国铁道出版社（100054，北京市西城区右安门西街 8 号）
网　　址： http://www.51eds.com
印　　刷： 航远印刷有限公司
版　　次： 2012 年 8 月第 1 版　　2012 年 8 月第 1 次印刷
开　　本： 787 mm×1 092 mm　1/16　**印张：** 9.25　**字数：** 222 千
印　　数： 1～3 000 册
书　　号： ISBN 978-7-113-14874-4
定　　价： 19.00 元

前　言

AutoCAD是美国Autodesk公司研发的计算机辅助设计软件，它操作简便，便于掌握，广泛应用于机械、建筑、电子、服装、船舶等领域，尤其在绘制二维图形方面突显优势，深受广大技术人员的青睐。

本教材由长期从事AutoCAD教学实践的资深教师和大型企业AutoCAD培训的教师，按照“项目任务”的结构编写。教材内容深入浅出、循序渐进，通过小图例讲解常用绘图命令和常用编辑命令的使用，通过复杂图形讲解命令的综合运用和绘图技巧。书中引入的机械工程图和建筑图案例均是企业生产的零件图和实际房屋平面图。

由于本课程偏重操作技能训练，建议教师演示后学生上机操作。每个项目后配有练习题，可供学生进行训练操作。建议教学时数为72学时(每周4学时)。

本书由王昌玉、郭世俊、马有昂任主编，郑权、方亚娟任副主编，参编人员有李灵敏、张栋梁、李小龙。

本教材在编写过程中参考了有关资料，在此向其作者一并致谢！

由于编者水平有很，教材中难免存在不足之处，敬请使用教材的教师、学生和读者多提宝贵意见，便于我们今后改正。

编　者

2012年3月20日

目　录

项目一　AutoCAD 2007 入门引导

• **项目引言**

本项目主要介绍 AutoCAD 2007 中文版的基础知识和基本操作。

• **学习目标**

1. 熟悉 AutoCAD 2007 的工作界面和文件操作。
2. 掌握绘图环境设置。
3. 了解 AutoCAD 2007 常识。

任务一　AutoCAD 2007 的主要功能和应用领域

一、AutoCAD 2007 的主要功能

（一）平面绘图

AutoCAD 2007 以多种方式创建直线、圆、椭圆、多边形、样条曲线等基本图形对象。提供了正交、对象捕捉、极轴追踪、捕捉追踪等绘图辅助工具。正交功能使用户很方便地绘制水平、竖直直线，对象捕捉帮助拾取几何对象上的特征点，而追踪功能使绘制斜线及沿不同方向定位点变得更加方便。

（二）图形编辑

AutoCAD 2007 具有强大的编辑功能，可以删除、移动、复制、旋转、阵列、拉伸、延长、修剪、缩放对象等；也能够创建多种类型尺寸，标注外观可自行设定；注释文本，能在图形的任何位置，沿任何方向输入文本，文本外观可以根据需要设定；图层管理功能，图形对象位于某一图层上，可设置图层颜色、线型、线宽等特性。

（三）三维绘图

AutoCAD 2007 可以创建 3D 实体及表面模型，也可以对实体本身进行编辑。

二、AutoCAD 2007 的应用领域

AutoCAD 2007 广泛应用于机械制图，例如，精密零件、模具、设备等；工程制图，例如，建筑工程、装饰设计、环境艺术设计、水电工程、土木施工等；服装设计与加工，服装制版等；电子工业，例如，印刷电路板设计等。它是机械、建筑、电子、服装等从业人员常用的工具。图 1-1 和图 1-2 所示分别为运用 AutoCAD 绘制的服饰小样、房屋平面布置图。

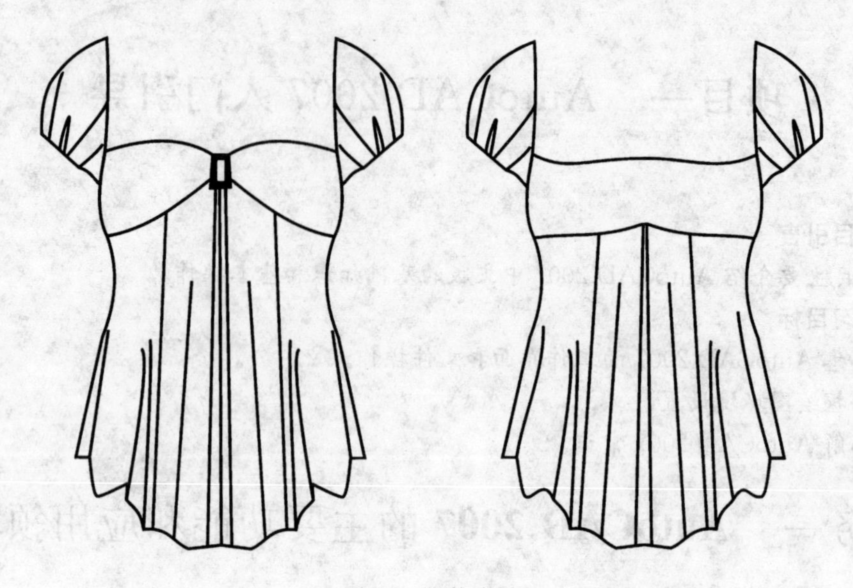

图 1-1　服饰小样

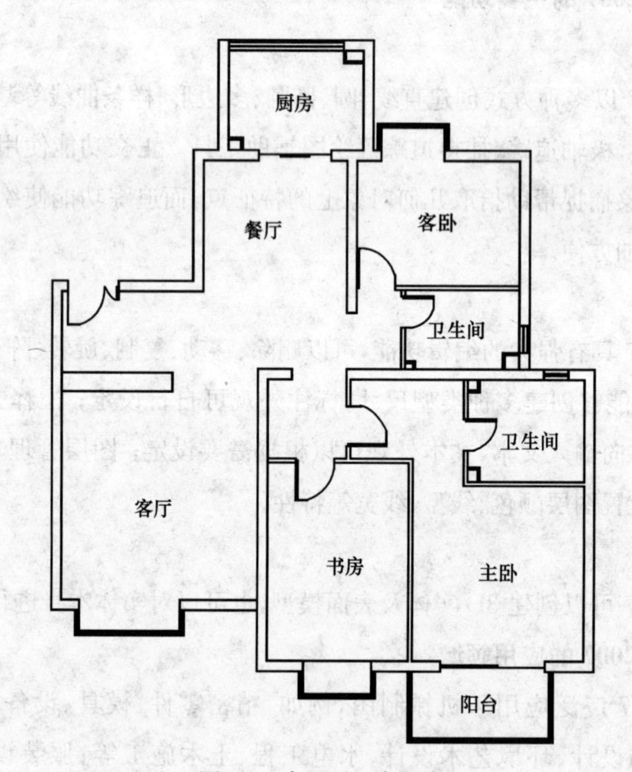

图 1-2　房屋平面布置图

任务二　认识 AutoCAD 2007 工作界面

AutoCAD 2007 中文版绘图界面是最常用的工作界面，如图 1-3 所示。

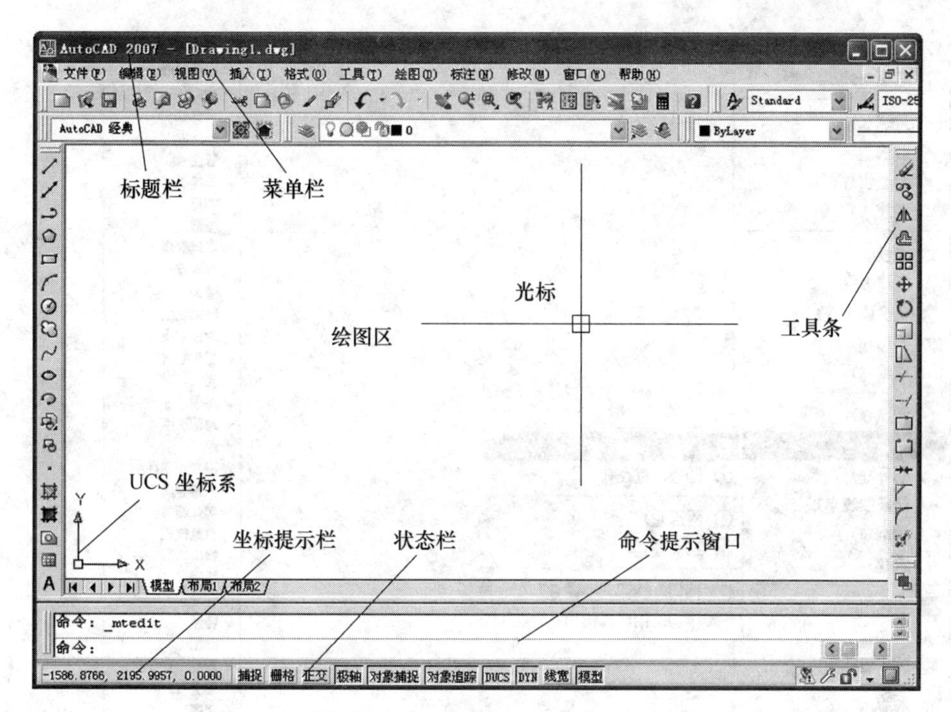

图 1-3 AutoCAD 2007 工作界面

一、认识绘图区

绘图区是用户进行绘图设计的工作区域,它占据了屏幕的大部分。绘图区其实是无限大的,它可以通过缩放、平移等来显示需要的部分。绘图区域中有 UCS 坐标。当进行平面绘图时,其显示为二维的;当进行三维操作时,其显示是三维的。该图标可以被移动,显示不同的空间或观测点。下方的坐标提示栏显示光标相对于 UCS 坐标的当前位置。

二、认识标题栏和菜单栏

(一) 标题栏

标题栏位于工作界面的顶部。当"新建"或者"打开"一个文件时,标题栏显示软件版本以及当前编辑的图形文件名,默认名为"Drawing1. dwg"。其右上角有最小化、正常化、关闭 3 个按钮。

(二) 菜单栏

菜单栏位于标题栏下方,包括文件、编辑、视图、插入、修改、绘图等 11 个主菜单项。菜单栏一般通过单击选择执行。有的菜单项后面有个黑色的小三角▶,说明该菜单项还有下一级的子菜单,有的菜单项后面会有符号"…"表示该菜单项执行时会弹出对话框。图 1-4 所示为绘图菜单和绘圆子菜单。

三、认识工具栏

常用工具栏有"标准"、"绘图"、"修改"。"标准"工具栏位于菜单栏的下方。右击任何工具栏,选择快捷菜单上的工具栏名称,会显示该工具栏,此时快捷菜单名称前显示"√"符号,如图 1-5 所示,再次单击会取消该符号,关闭工具栏。工具栏以一些图标按钮形象地表示命令。图 1-6 所示为将鼠标移到某个图标上停 1～2 s,会显示该图标名称的提示,单击图标立即执行该命令。工具栏可以按住鼠标左键拖动,也可重新调整工具栏。

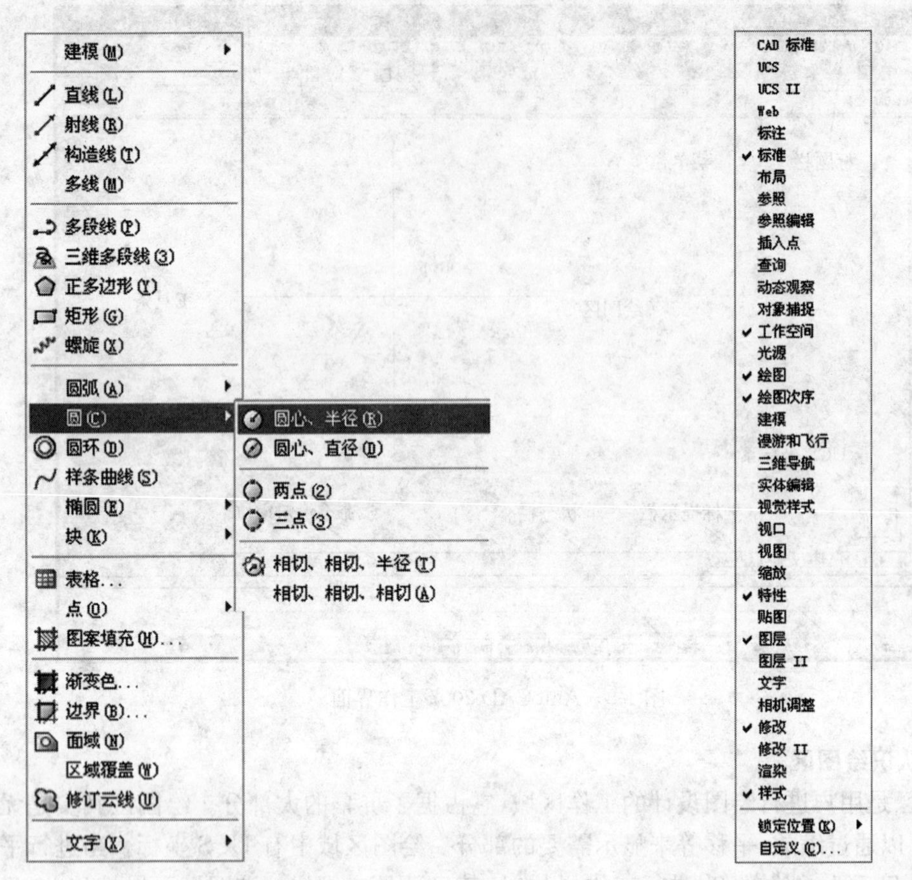

图 1-4　绘图菜单和绘圆子菜单　　　　图 1-5　工具栏快捷菜单

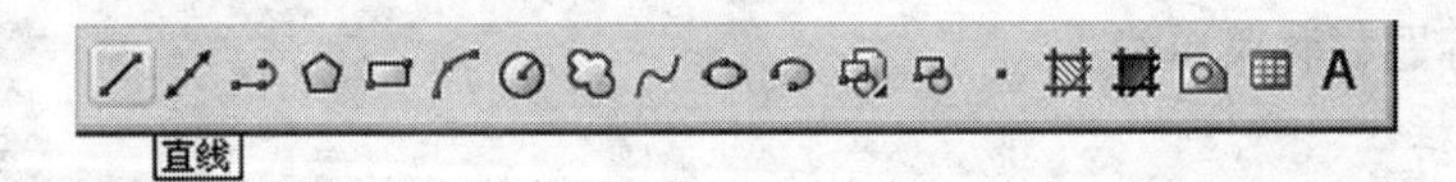

图 1-6　“直线”图标

四、认识命令提示窗、命令行及状态栏

命令提示窗在绘图区下方，显示命令和命令提示信息。命令提示信息提示下一步操作。

状态栏在界面的底端，包括“捕捉”、“栅格”、“正交”、“极轴”、“对象捕捉”、“线宽”等功能。“正交”模式打开后，光标移动只能保持水平或竖直方向，在水平、竖直线段的绘制以及图形平移命令中应用非常方便；“对象追踪”模式打开，可在绘图中方便而精确地取得相应的坐标点；“对象捕捉”模式打开，可选取图形的特征点，例如，直线的端点、圆心、两线交点、切点等。“线宽”开关用于显示线宽。线宽可以在图层中设置，用于查看绘图效果及打印预览。

任务三　管 理 文 件

文件管理包括“新建”、“打开”、“保存”等。

一、新建文件

开始绘制一幅新图，首先应该新建一个文件。新建文件可以选择“文件”→“新建”命令，也可以单击“标准”工具栏按钮，执行命令后，弹出“选择样板”对话框，如图 1-7 所示。单击“打开”按钮后，就可以在该样板文件上绘图了。

图 1-7　“选择样板”对话框

二、打开文件

打开文件是对已有文件进行浏览或者编辑。打开文件可以选择“文件”→“打开”命令，也可以单击“标准”工具栏按钮，命令执行后，会弹出“选择文件”对话框，如图 1-8 所示。可选择所需要的图形文件打开。

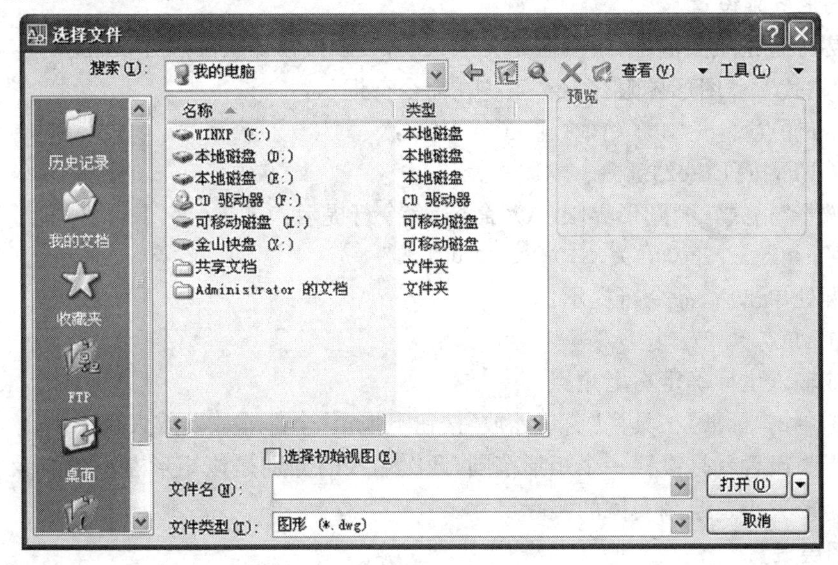

图 1-8　“选择文件”对话框

三、保存文件

文件保存可以选择“文件”→“保存”命令，也可以单击“标准”工具栏按钮，初次执行“保存”命令时，会弹出“图形另存为”的对话框，如图 1-9 所示。

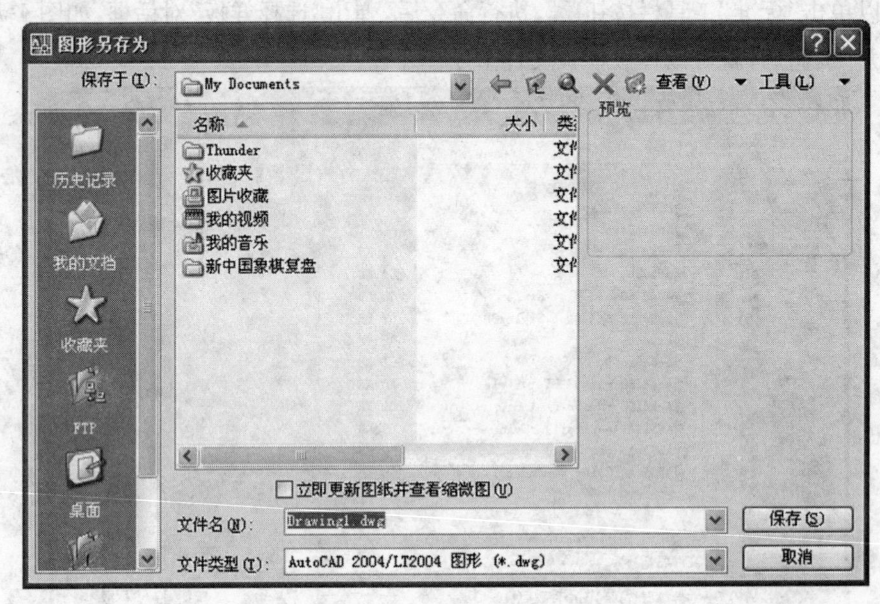

图 1-9 “图形另存为”对话框

任务四　绘图环境设置

绘图环境设置包括绘图单位设置、图形界限设置、图层设置、草图设置和选项设置等。绘图单位设置一般采用默认设置。

一、图形界限设置

图形界限是指绘图范围，绘图区是无限大的，一般按物体实际尺寸设置。

选择“格式”→“图形界限”命令，系统在命令行提示：

“指定左下角点或［开(ON)/关(OFF)］<0.0,0.0>：”

输入 OFF，按【Enter】键。

重复选择“格式”→“图形界限(A)”命令，命令行提示：

“指定左下角点或［开(ON)/关(OFF)］<0.0,0.0>：”

在坐标处单击后，命令行提示：

“指定右上角点 <427,297>：”

单击或输入坐标确定右上角点。

用鼠标单击“标准”工具栏“窗口缩放”按钮下拖至“全部缩放”，放大视图。

图形界限设置就是设置一个矩形范围，两次输入的分别是该矩形左下角点及右上角点的坐标。矩形大小是绘制实体的实际尺寸。

二、图层设置

运用 AutoCAD 绘图的过程中，不同图形对象处于不同图层上。像在一张透明的图纸上绘制一艘军舰，在另外一张透明的图纸上绘制大海，两张透明的图纸进行相对位置叠加，可以看到军舰在大海里。图层是管理图形对象的工具，可以命名和设置颜色、线型、线宽等，它给图形的编辑提供了方便。单击“图层”工具栏按钮，弹出“图层特性管理器”对话框，如图 1-10 所示。

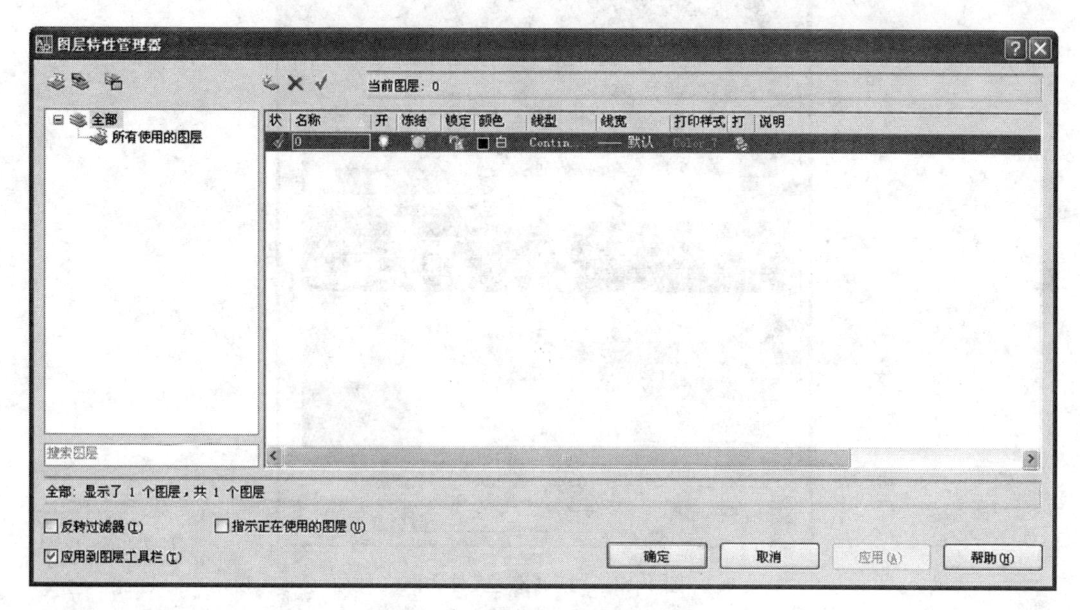

图 1-10　“图层特性管理器”对话框

对话框操作步骤如下：

(一) 新建、删除图层

单击按钮，新建名称默认为“图层 1”的图层，如图 1-11 所示。“图层 1”可改成其他名称。“0”是自动建立的图层，前有绿色标记，表示为当前层，此层不可删除或重命名。要删除某图层，先选中该图层，单击按钮，再单击“应用”按钮。

图 1-11　新建图层

(二) 设置颜色、线型、线宽

选中图层列表中某图层，单击该图层颜色列图标，弹出图 1-12 所示的“选择颜色”对话框，选择颜色后，单击“确定”按扭。

单击“线型”列图标，弹出只有线型 Continuous 的对话框，单击“加载”按钮，弹出图 1-13所示的“加载或重载线型”对话框，选择所需线型，单击“确定”按钮。单击该图层“线宽”列图标，弹出图 1-14 所示“线宽”对话框，设置线宽，单击“确定”按钮。

(三) 更换图层操作

选中需要更换图层的图形对象，打开“图层特性管理器”，选择所需要的图层，按【Esc】键即可。

三、草图设置

选择“工具”→“草图设置”命令，弹出图 1-15 所示“草图设置”对话框，进行极轴追踪参数设置和对象捕捉点选用。

图 1-12 “选择颜色”对话框

加载或重载线型

文件 (F)... acadiso.lin

可用线型

线型	说明
ACAD_ISO02W100	ISO dash
ACAD_ISO03W100	ISO dash space
ACAD_ISO04W100	ISO long-dash dot
ACAD_ISO05W100	ISO long-dash double-dot
ACAD_ISO06W100	ISO long-dash triple-dot
ACAD_ISO07W100	ISO dot
ACAD_ISO08W100	ISO long-dash short-dash
ACAD_ISO09W100	ISO long-dash double-short-dash
ACAD_ISO10W100	ISO dash dot
ACAD_ISO11W100	ISO double-dash dot

确定 取消 帮助 (H)

图 1-13 “加载或重载线型”对话框

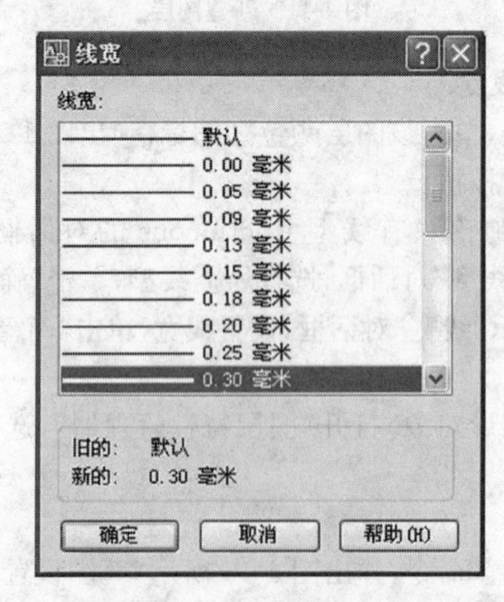

图 1-14 “线宽”对话框

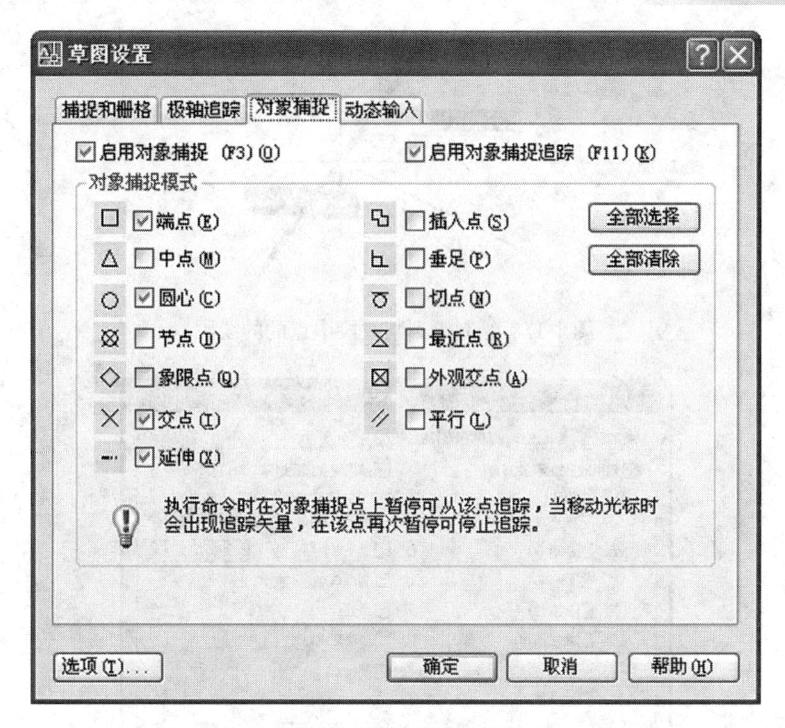

图 1-15 “草图设置”对话框

（一）极轴追踪

极轴追踪指在绘图过程中，光标可以按设置的极轴角度，提示精确移动光标。光标移动到设置的角度及其整数倍时，自动被吸引过去，并显示极轴和当前方位。图 1-16 所示的极轴自动追踪角度为 30°。

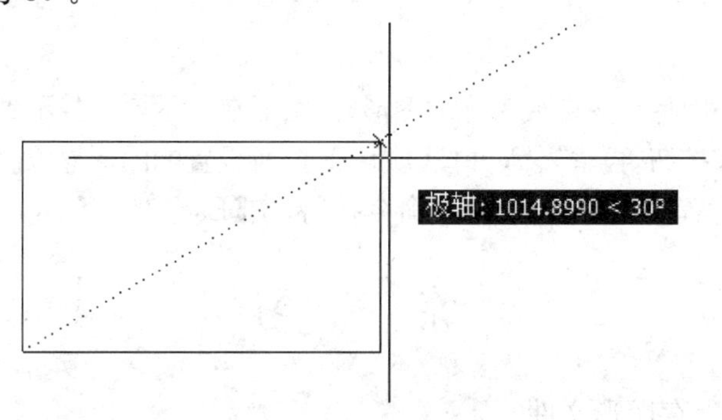

图 1-16 自动捕捉 30°

（二）对象捕捉点的选用

对象捕捉点是指图形对象上的一些特征点，例如，端点、交点、中点、象限点、圆心、切点等。在绘图过程中，需要选择输入点的时候，移动光标到该点附近，系统会自动捕捉，提示拾取。图 1-17 所示为绘制点到某线段中点的线段。光标移动到中点附近时，系统会自动捕捉中点并提示拾取。对象捕捉点的选用方法是，选用并右击状态栏中“对象捕捉”，选择快捷菜单中“设置”命令，弹出图 1-18 所示“草图设置”对话框的“对象捕捉”选项卡，选中“启用对象捕捉”和“启用对象捕捉追踪”复选框，并选中需要的对象特征点，例如，端点、中点、交点等，单击“确定”按钮。一次不可选用很多的特征点，造成绘图界面混乱，不易拾取。

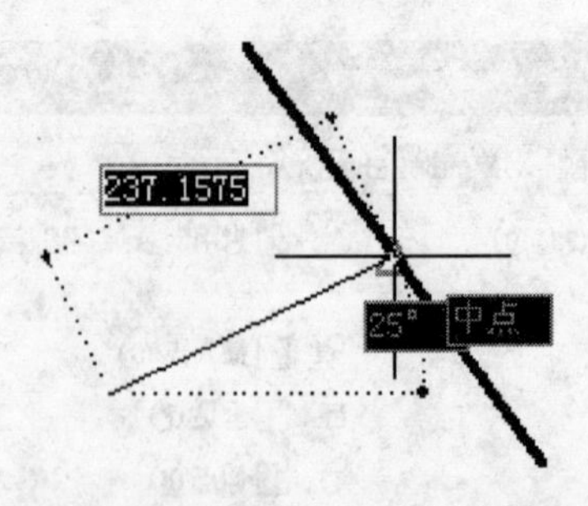

图 1-17 绘制点到某线段中点的的线段

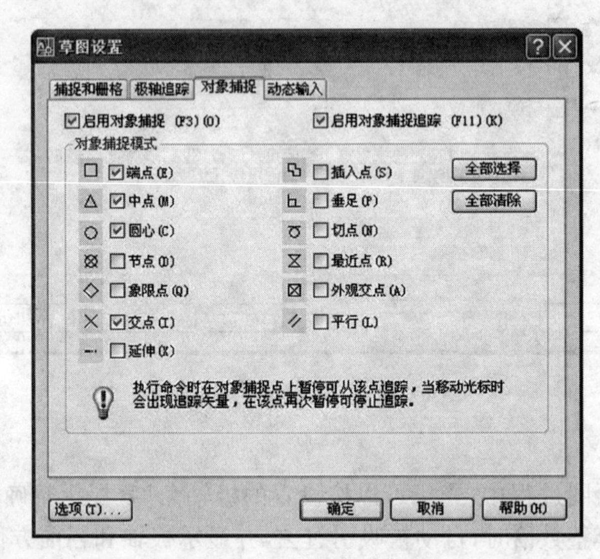

图 1-18 “对象捕捉”选项卡

提示：

(1) 如果不小心因移动鼠标或者拖动图形，使图形在显示屏上找不到，可以单击“标准”工具栏中的“实时缩放”按钮，再输入 A 并按【Enter】键，所设置的图形界限会显示在屏幕上。

(2) 执行命令过程中，要撤销或停止命令执行，按【Esc】键。

练 习

1. 如何打开和保存图形文件？
2. 按表 1-1 所示名称要求设置图层、颜色、线型、线宽。

表 1-1 图层设置

图层名	颜色	线　型	线宽
0	白色	continuous	默认
粗实线	绿色	continuous	0.5
细实线	白色	continuous	0.25
虚线	黄色	ACAD—ISO002W100	0.25
细点画线	红色	ACAD—ISO004W100	0.25

注：本书所示数值的单位，如不特殊注明，匀为 mm。

项目二　绘制线型对象组成的平面图形

• 项目引言

本项目主要学习点和直线的绘制，并通过两个具体任务讲述线型图形的绘制方法和技巧。点的绘制是基础，直线绘制的实质也是起点和终点的绘制。重点是线型绘图中常用的编辑命令，例如倒角、修剪、延伸等命令的运用。

• 学习目标

1. 熟悉点的样式设置及绘制。
2. 掌握直线的绘制方法和技巧。
3. 熟悉常用的编辑命令。

任务一　方 格 绘 制

本任务是完成图 2-1 所示方格绘制，掌握点、直线绘制及直线的偏移、修剪、延伸等命令。

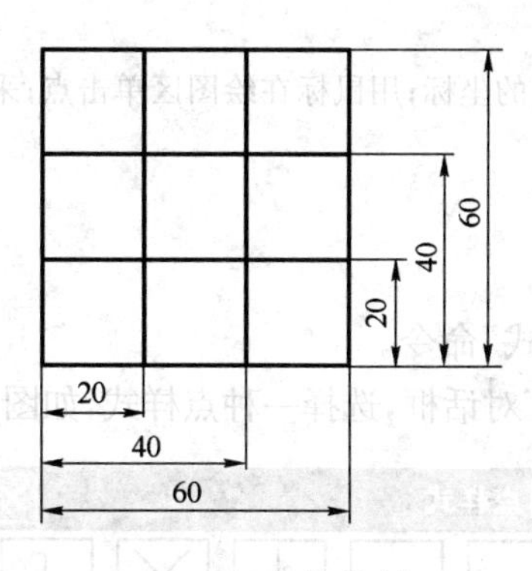

图 2-1　方格绘制

一、点样式设置和点的绘制

（一）点样式设置

理论上点是无限小的，在窗口中看不见绘制的点。

要想看见已绘制的点，必须用一种标记样式把它表示出来。AutoCAD 提供了 20 种不同的点样式。常用命令方式是选择“格式”→“点样式”命令，执行命令后，弹出图 2-2 所示“点样式”对话框。

（二）点的绘制

常用命令方式如下：

① 工具栏：单击“绘图”工具栏中按钮 。

② 菜单栏：选择“绘图”→“点”命令。

命令执行后，命令提示行提示：

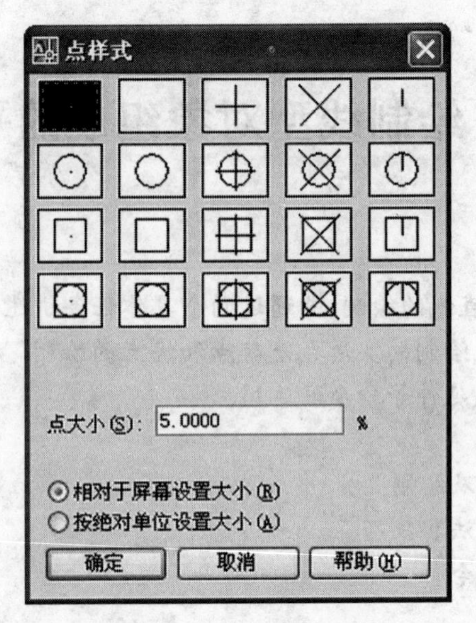

图 2-2 “点样式”对话框

命令：_point

当前点模式：PDMODE = 0 PDSIZE = 0.0000

指定点：

指定点有 3 种方式：直接输入点的坐标；用鼠标在绘图区单击点；采用捕捉的方式选择图形对象特征点。

演示操作步骤如下：

① 设置点样式。

命令：选择“格式”→“点样式”命令。

执行命令后，弹出“点样式”对话框，选择一种点样式，如图 2-3 所示。单击“确定”按钮。

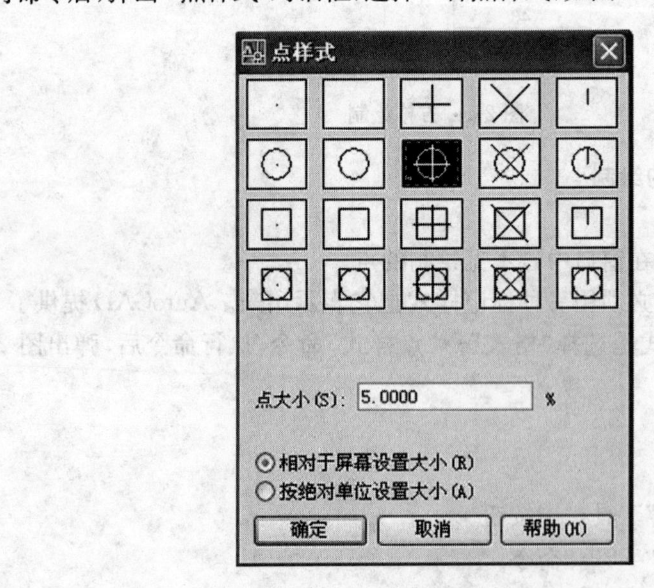

图 2-3 选择点样式

② 绘制点。

命令:选择“绘图”→“点”→“单点”命令,命令行提示、操作如下:

命令:_point

当前点模式:PDMODE = 0 PDSIZE = 0.0000

指定点:　　　　　　　　　　　　　　　　// 在绘图区单击一点

一次命令只能绘制一个点,结果如图 2-4(a)所示。

命令:选择“绘图”→“点”→“多点”命令,命令行提示、操作如下:

命令:_point

当前点模式:PDMODE = 0 PDSIZE = 0.0000

指定点:　　　　　　　　　　　　　　　　// 在绘图区单击一点

指定点:　　　　　　　　　　　　　　　　// 在绘图区单击一点

指定点:　　　　　　　　　　　　　　　　// 在绘图区单击一点

按【Esc】键,结果如图 2-4(b)所示。

命令:选择“绘图”→“点”→“定数等分”命令,命令行提示、操作如下:

命令:_divide

选择要定数等分的对象:　　　　　　　　　// 选择直线段 A

输入线段数目或[块(B)]　　　　　　　　　// 输入 4↙

结果如图 2-4(c)所示。

命令:选择“绘图”→“点”→“定距等分”命令,命令行提示、操作如下:

命令:_measure

选择要定距等分的对象:　　　　　　　　　// 选择直线段 B

输入线段数目或[块(B)]　　　　　　　　　// 输入 100↙

结果如图 2-4(d)所示。

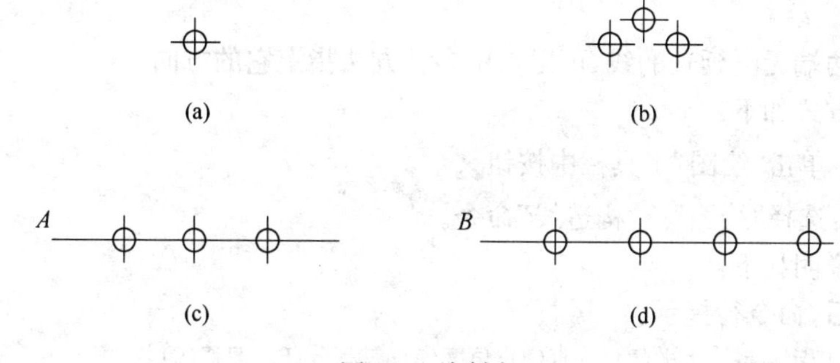

图 2-4　绘制点

二、直线、构造线绘制

(一) 直线绘制

常用命令方式如下:

① 工具栏:单击“绘图”工具栏按钮。

② 菜单栏:选择“绘图”→“直线”命令。

演示操作步骤如下:

命令:单击“绘图”工具栏按钮,命令行提示、操作如下:

命令:_line 指定第一点:　　　　　　　　　// 单击第一点

指定下一点或 [放弃(U)]:　　　　　　　　// 单击第二点

指定下一点或[放弃(U)]: // 单击第三点

指定下一点或[闭合(C)/放弃(U)]: // ↙

↙表示按【Enter】键。绘制结果如图 2-5 所示。

坐标法绘制直线，一般采用相对极坐标输入法，点坐标格式:@长度<角度。难点是角度，指上一点 X 正方向旋转至要绘制点与上一点连线所转过的角度，顺时针为正，逆时针为负，如图 2-6 所示。

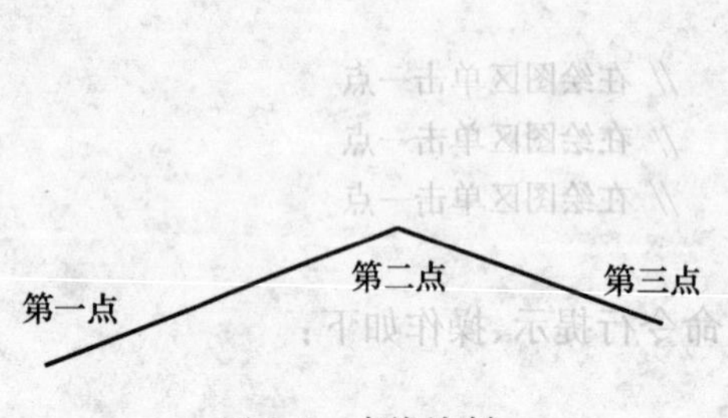

图 2-5 直线绘制

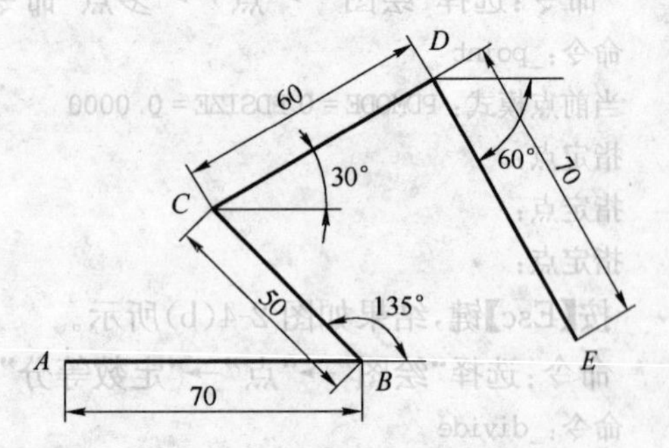

图 2-6 相对极坐标法绘制直线

命令:单击“绘图”工具栏中按钮 ，命令行提示、操作如下:

命令: _line 指定第一点: // 单击点 A

指定下一点或[放弃(U)]: // 输入 @70<0

指定下一点或[放弃(U)]: // 输入 @50<135

指定下一点或[闭合(C)/放弃(U)]: // 输入 @60<30

指定下一点或[闭合(C)/放弃(U)]: // 输入 @70<-60

绘制结果如图 2-6 所示。

(二) 构造线绘制

构造线是两端无限延长的线，可以使用多种方法指定它的方向。

常用命令方式如下:

① 工具栏:单击“绘图”工具栏中按钮 。

② 菜单栏:选择“绘图”→“构造线”命令。

命令选项说明如下:

执行命令后，命令行提示:

命令:_xline 指定点或[水平(H)/垂直(V)/角度(A)/二等分(B)/偏移(O)]:

① 指定点:在绘图区确定一点，相当于构造线中点。

② 水平:方向是水平的构造线。

③ 垂直:方向是竖直的构造线。

④ 角度:输入角度值确定倾斜给定角度的构造线。

⑤ 二等分:指角度平分线。

⑥ 偏移:将现有的直线或构造线偏移，以确定构造线方向。

(三) 直线及构造线的常用绘制方法

① 采用鼠标移动位置指定角度和方向，直接输入长度。

② 采用输入点的绝对坐标或者相对坐标，或者用极坐标方式输入长度和角度以确定起点和终点的位置。

③ 利用极轴追踪、正交等辅助工具绘制特殊角度的线。

④ 利用对象捕捉选择图形对象特征点。

三、删除、偏移、修剪、延伸命令使用

（一）删除

删除是对已绘制图形进行清除。

常用命令方式是单击“修改”工具栏按钮。执行命令后，选择要删除的图形对象；或先选择要删除的对象，再单击“删除”按钮；也可在选择要删除的对象后右击，在弹出的快捷键菜单中选择“删除”命令。一次可选择多个对象进行删除。

（二）偏移

偏移是将已知图形对象向某一方向偏移一定距离。偏移圆或圆弧可以创建更大或更小的圆或圆弧，取决于向哪一侧偏移。主要用于绘制同心圆、平行线、平行曲线。

常用命令方式如下：

① 工具栏：单击“修改”工具栏中按钮。

② 菜单栏：选择“修改”→“偏移”命令。

演示操作步骤如下：

将直线 A 右偏移 400，绘制直线 B，如图 2-7 所示。

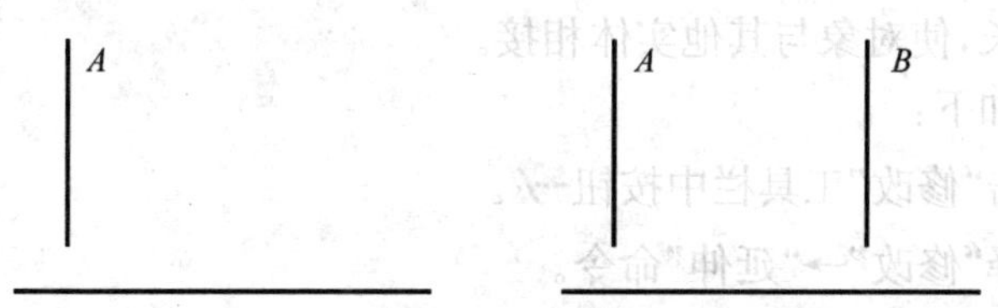

图 2-7　偏移结果

命令：单击“修改”工具栏按钮，命令行提示、操作如下：

命令：_offset

当前设置：删除源 = 否 图层 = 源 OFFSETGAPTYPE = 0

指定偏移距离或［通过(T)/删除(E)/图层(L)］＜通过＞：　　//输入 400↙

选择要偏移的对象，或［退出(E)/放弃(U)］＜退出＞：　　//选择直线 A

指定要偏移的那一侧上的点，或［退出(E)/多个(M)/放弃(U)］＜退出＞：//在直线 A 右侧单击一点↙

如果选择“通过”选项，命令行提示：

指定通过点或［退出(E)/多个(M)/放弃(U)］＜退出＞：　　//在直线 B 或延长线上单击一点，↙

（三）修剪

修剪指剪去图形对象的一部分。

常用命令方式如下：

① 工具栏：单击“修改”工具栏中按钮。

② 菜单栏：选择“修改”→“修剪”命令。

演示操作步骤如下：

剪去正方形中线多余的部分，如图 2-8 所示。

命令：单击“修改”工具栏中按钮，命令行提示、操作如下：

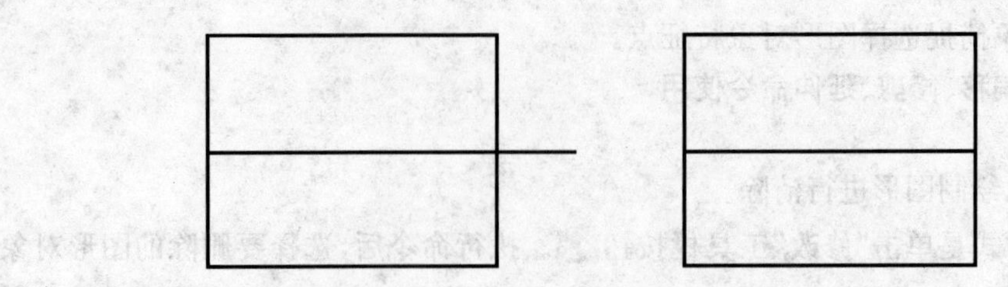

图 2-8　修剪结果

命令:trim
当前设置:投影 = UCS,边 = 无
选择剪切边...
选择对象或 <全部选择>: 找到 1 个　　　　　　　　　　// 选择正方形
选择对象:　　　　　　　　　　　　　　　　　　　　　　// ↙
选择要修剪的对象,或按住 Shift 键选择要延伸的对象,或[栏选(F)/窗交(C)/投影(P)/边(E)/删除(R)/放弃(U)]:　　　　　　　　　　　　　　　　　　　　// 选择多余线段,↙

需要注意的是先选择边界,按【Enter】键后再选择需要修剪的部分。

(四) 延伸

延伸是通过拉长,使对象与其他实体相接。

常用命令方式如下:

① 工具栏:单击“修改”工具栏中按钮--/。

② 菜单栏:选择“修改”→“延伸”命令。

演示操作步骤如下:

将直线 A 延伸与正方体相接,如图 2-9 所示。

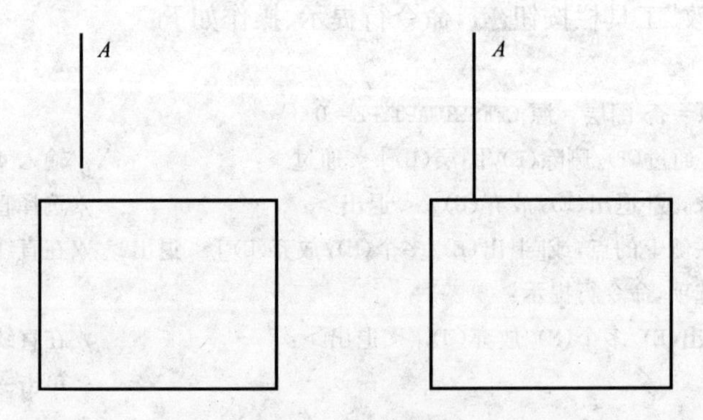

图 2-9　延伸结果

命令:单击“修改”工具栏中按钮--/,命令行提示、操作如下:

命令: _extend
当前设置:投影 = UCS,边 = 无
选择边界的边...
选择对象或 <全部选择>: 找到 1 个　　　　　　　　　　// 选择正方形
选择对象:　　　　　　　　　　　　　　　　　　　　　　// ↙

选择要延伸的对象，或按住【Shift】键选择要修剪的对象，或[栏选(F)/窗交(C)/投影(P)/边(E)/放弃(U)]：　　　　　　　　　　　　　　　　　　　　　// 选择直线 A↙

延伸也是先选择边界，按【Enter】键后再选择需要延伸的对象。

四、方格的绘制步骤(见图 2-1)

(一) 设置绘图环境

① 新建图形文件：选择"文件"→"新建"命令，弹出"选择样板"对话框。在对话框中选择 acadiso. dwt(无样板公制)样板文件，单击"打开"按钮，系统新建一个文件。

② 设置图形界限：选择"格式"→"图形界限(A)"命令，命令行提示：

"指定左下角点或[开(ON)/关(OFF)]<0.0000,0.0000>："

输入 OFF，按【Enter】键。

重复选择"格式"→"图形界限(A)"命令，命令行提示：

"指定左下角点或[开(ON)/关(OFF)]<0.0000,0.0000>："

在坐标处单击一点，命令行提示：

"指定右上角点<420.0000,297.0000>："

输入"100,100"，按【Enter】键。

用鼠标单击"标准"工具栏"窗口缩放"按钮下拖至"全部缩放"，放大视图。

③ 打开状态栏"极轴"、"对象捕捉"、"对象追踪"，采用默认的捕捉参数。

(二) 操作步骤

① 绘制两条互相垂直的直线，如图 2-10 所示。

② 使用"偏移"命令，设置偏移量为 20，绘制水平和竖直的两组平行线段，如图 2-11 所示。

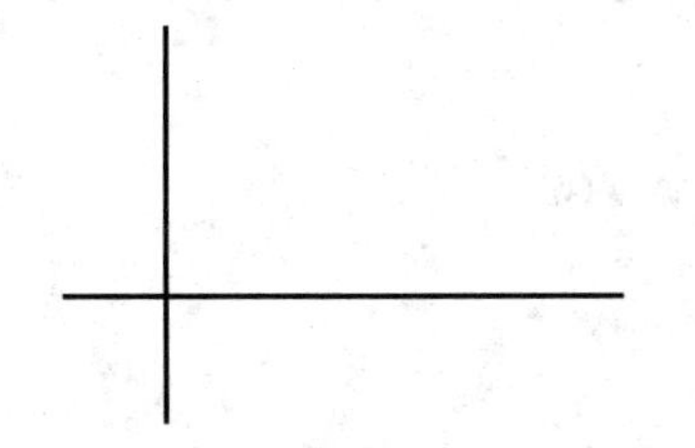

图 2-10　绘制互相垂直的线段

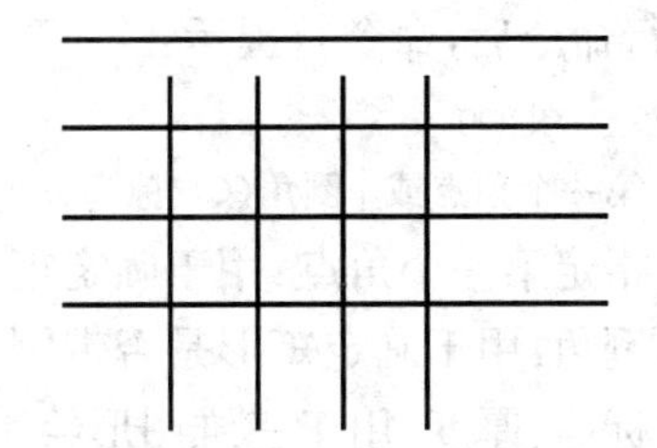

图 2-11　绘制水平和竖直的两组平行线段

③ 使用"延伸"命令，延伸未相交的线段到边界，如图 2-12 所示。

④ 使用"修剪"命令，修剪多余的外围线段到边界，如图 2-1 所示。

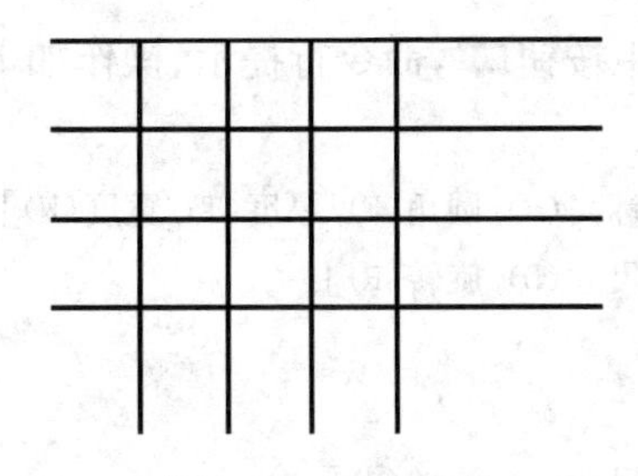

图 2-12　延伸结果

任务二　弯管绘制

本任务为绘制弯管，需要使用偏移、复制、旋转、圆角命令绘制，如图 2-13 所示。

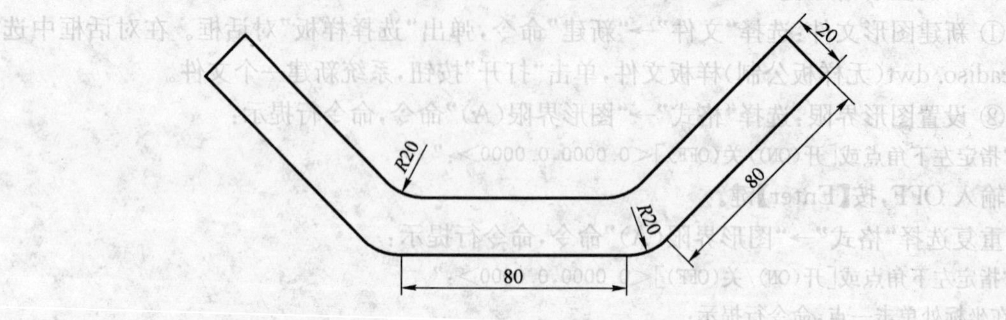

图 2-13　弯管

下面首先学习矩形、正多边形的绘制。

一、矩形、正多边形绘制

（一）矩形绘制

常用命令方式如下：

① 工具栏：单击“绘图”工具栏中按钮▭。

② 菜单栏：选择“绘图”→“矩形”命令。

命令选项说明如下：

执行命令后，命令行提示：

命令：_rectang

指定第一个角点或［倒角(C)/标高(E)/圆角(F)/厚度(T)/宽度(W)］：

① 指定第一个角点：用于确定矩形第一对角点。

② 倒角：用于确定矩形是否带倒角及大小。

③ 标高、厚度：用于三维图形绘制。

④ 圆角：用于确定矩形四角是否带圆角及大小。

⑤ 宽度：用于设置矩形线宽。

演示操作步骤如下：

① 绘制一般矩形。

命令：单击“绘图”工具栏中按钮▭，命令行提示、操作如下：

命令：_rectang

指定第一个角点或［倒角(C)/标高(E)/圆角(F)/厚度(T)/宽度(W)］：　//在绘图区单击点 A

指定另一个角点或［面积(A)/尺寸(D)/旋转(R)］：　//输入 D ↙

指定矩形长度<200>：　//输入 200 ↙

指定矩形宽度<200>：　//输入 100 ↙

指定另一个角点或［面积(A)/尺寸(D)/旋转(R)］：　//单击另一角点 B

绘制结果如图 2-14 所示。

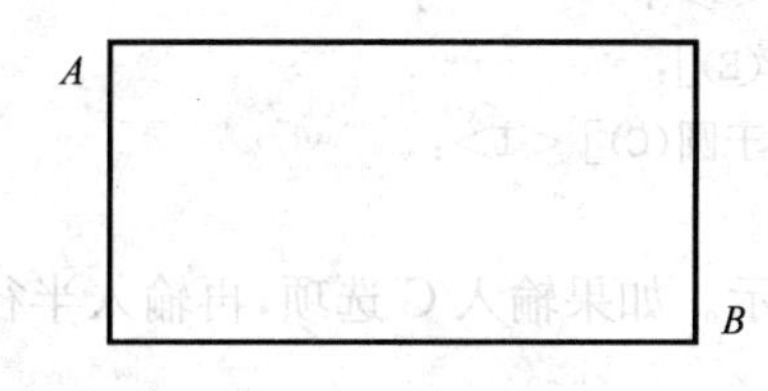

图 2-14　矩形

② 绘制带倒角矩形。

命令：单击"绘图"工具栏中按钮▭，命令行提示、操作如下：

命令：_rectang
指定第一个角点或[倒角(C)/标高(E)/圆角(F)/厚度(T)/宽度(W)]：　// 输入 C↙
指定矩形的第一个倒角距离<0.0000>：　// 输入 10↙
指定矩形的第二个倒角距离<10.0000>：　// 输入 5↙
指定第一个角点或[倒角(C)/标高(E)/圆角(F)/厚度(T)/宽度(W)]：　// 单击点 A
指定另一个角点或[面积(A)/尺寸(D)/旋转(R)]：　// 单击点 B

绘制结果如图 2-15 所示。

③ 绘制带圆角矩形。

命令：单击"绘图"工具栏中按钮▭，命令行提示、操作如下：

命令：_rectang
指定第一个角点或[倒角(C)/标高(E)/圆角(F)/厚度(T)/宽度(W)]：　// 输入 F↙
指定矩形的圆角半径<0.0000>：　// 输入 10↙
指定第一个角点或[倒角(C)/标高(E)/圆角(F)/厚度(T)/宽度(W)]：　// 单击点 A
指定另一个角点或[面积(A)/尺寸(D)/旋转(R)]：　// 单击点 B

绘制结果如图 2-16 所示。

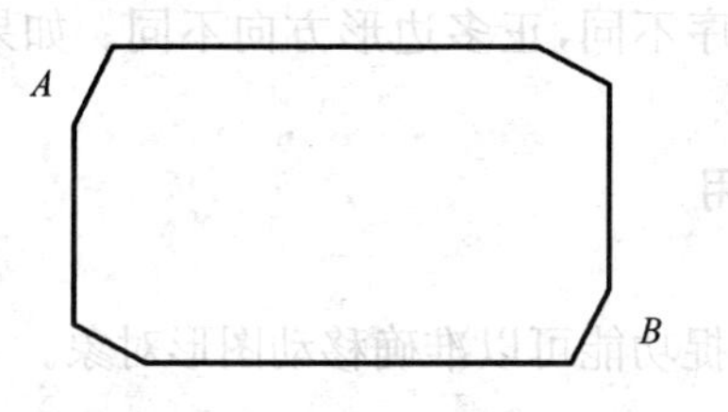

图 2-15　带倒角矩形

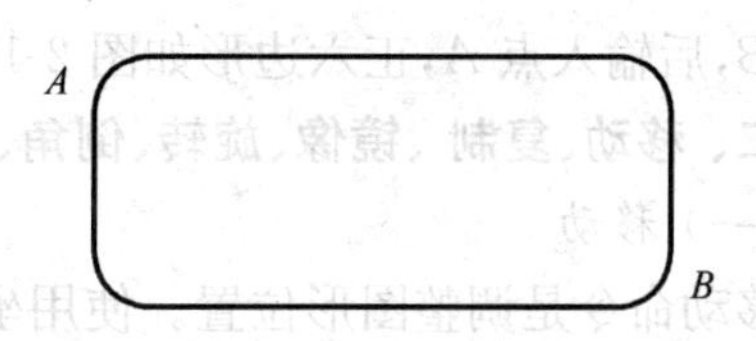

图 2-16　带圆角矩形

(二) 正多边形绘制

正多边形指由 4 条以上相等线段组成的封闭图形。有两种绘制选项。默认选项是输入正多边形中心点，再输入内接或外切圆半径绘制；另一种选项是输入 E，输入边长确定多边形。

常用命令方式如下：

① 工具栏：单击"绘图"工具栏中按钮⬟。

② 菜单栏：选择"绘图"→"正多边形"命令。

演示操作步骤如下：

① 输入中心点绘制正多边形。

命令：单击"绘图"工具栏中按钮⬟，命令行提示、操作如下：

命令:_polygon 输入边的数目＜4＞: // 输入 6 ↙

指定正多边形的中心点或［边(E)］: // 在绘图区单击一点

输入选项［内接于圆(I)/外切于圆(C)］＜I＞: // ↙

指定圆的半径: // 30 ↙

绘制结果如图 2-17(a)所示。如果输入 C 选项,再输入半径 30 后按【Enter】键,可以绘制外切圆的正六边形。

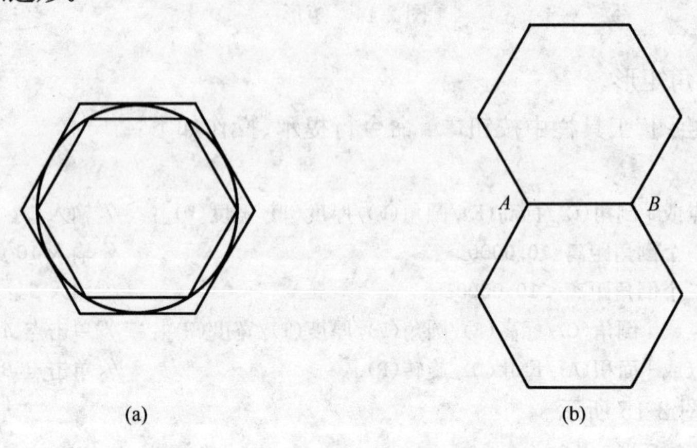

图 2-17 中心点和边长绘制正六边形

② 输入边长绘制正多边形。

命令:单击“绘图”工具栏中按钮,命令行提示、操作如下:

命令:_polygon 输入边的数目＜4＞: // 输入 6 ↙

指定正多边形的中心点或［边(E)］: // 输入 E ↙

指定边的第一个端点: // 单击点 A

指定边的第二个端点: // 单击点 B

绘制结果如图 2-17(b)所示。输入边的两点顺序不同,正多边形方向不同。如果先输入点 B,后输入点 A,正六边形如图 2-17(b)所示。

二、移动、复制 、镜像、旋转、倒角、圆角命令使用

(一) 移动

移动命令是调整图形位置。使用坐标、极轴、捕捉功能可以准确移动图形对象。

常用命令方式如下:

① 工具栏:单击“修改”工具栏中按钮。

② 菜单栏:选择“修改”→“移动”命令。

执行命令后,选择图形和基点,再指定目标位置。

演示操作步骤如下:

将图 2-18(a)所示图形移动到图 2-18(b)所示位置。

命令:单击“修改”工具栏中按钮,命令行提示、操作如下:

选择对象: //选择图 2-18(a)所示图形 ↙

指定基点或［位移(D)］＜位移＞: //单击角点 A

指定基点或［位移(D)］＜位移＞: 指定第二个点或＜使用第一个点作为位移＞: //单击图 2-18(b)所示图形的 A

绘制结果如图 2-18(b)所示。

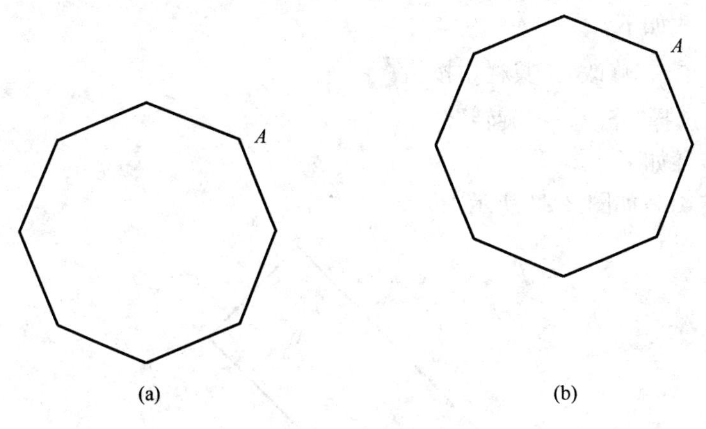

图 2-18　移动结果

（二）复制

复制命令是将原对象以指定的角度和方向创建对象的副本。使用坐标、极轴、捕捉功能可以快速复制对象。一次可以复制图形对象多个。

复制命令的操作同移动命令操作基本相同，不同的是一次可以复制多个且原图形不变。

（三）镜像

使用镜像命令是快速绘制对称图形。

常用命令方式如下：

① 工具栏：单击"修改"工具栏中按钮。

② 菜单栏：选择"修改"→"镜像"命令。

演示操作步骤如下：

绘制与直线对称的圆 B，如图 2-19 所示。

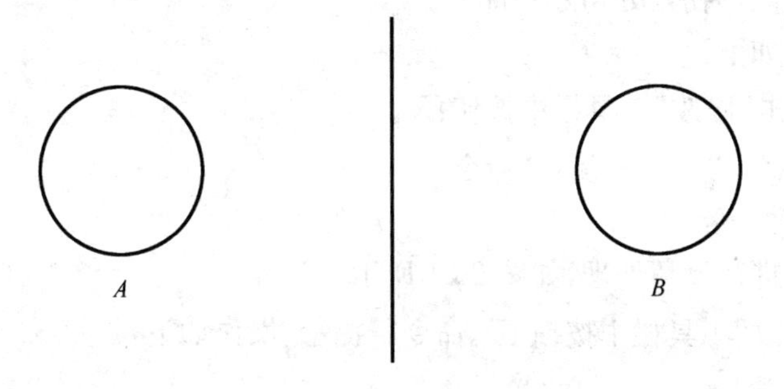

图 2-19　镜像结果

命令：单击"修改"工具栏中按钮，命令行提示、操作如下：

```
命令：_mirror
选择对象：找到 1 个                                //选择圆 A ↙
指定镜像线的第一点：指定镜像线的第二点：            //单击直线两端点
要删除源对象吗？[是(Y)/否(N)] <N>：                // ↙
```

（四）旋转

旋转命令是使图形对象转过一定角度。

常用命令方式如下：

① 工具栏：单击“修改”工具栏中按钮 。

② 菜单栏：选择“修改”→“旋转”命令。

演示操作步骤如下：

将矩形旋转 45°，如图 2-20 所示。

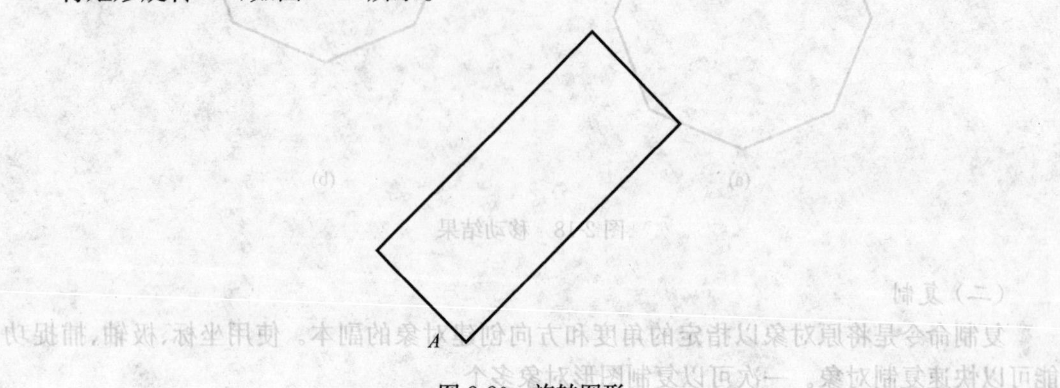

图 2-20　旋转图形

命令：单击“修改”工具栏中按钮 ，命令行提示、操作如下：

命令：_rotate

UCS 当前的正角方向：ANGDIR = 逆时针 ANGBASE = 0

选择对象：找到 1 个　　// 选择矩形 ↙

指定基点：　　// 单击矩形左下角点

指定旋转角度，或 [复制(C)/参照(R)] <0>：　　// 输入 45 ↙

基点是指图形围绕旋转的中心。

（五）倒角

倒角命令是使图形拐角处切除一部分。

常用命令方式如下：

① 工具栏：单击“修改”工具栏中按钮 。

② 菜单栏：选择“修改”→“倒角”命令。

演示操作步骤如下：

将矩形左上角进行倒角处理，如图 2-21 所示。

命令：单击“修改”工具栏中按钮 ，命令行提示、操作如下：

命令：_chamfer

（“不修剪”模式）当前倒角距离 1 = 0.0000，距离 2 = 0.0000

选择第一条直线或 [放弃(U)/多段线(P)/距离(D)/角度(A)/修剪(T)/方式(E)/多个(M)]：
　　// 输入 T

输入修剪模式选项[修剪(T)/不修剪(N)] <修剪>：　　// ↙

选择第一条直线或 [放弃(U)/多段线(P)/距离(D)/角度(A)/修剪(T)/方式(E)/多个(M)]：
　　// 输入 D ↙

指定第一个倒角距离 <0.0000>：　　// 输入 2 ↙

指定第二个倒角距离 <2.0000>：　　// 输入 2 ↙

选择第一条直线或 [放弃(U)/多段线(P)/距离(D)/角度(A)/修剪(T)/方式(E)/多个(M)]：

//选择角 A 水平线

选择第二条直线，或按住【Shift】键选择要应用角点的直线：//选择角 A 竖直线

如果选择不修剪模式 N，对右上角倒角处理结果如图 2-21 所示。

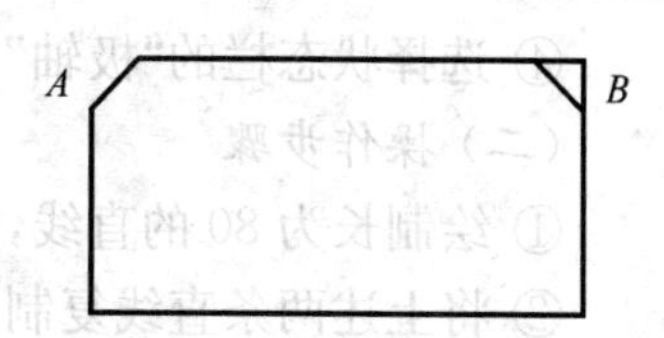

图 2-21　倒角处理结果

(六) 圆角

圆角命令是用圆弧将两个对象平滑地连接。

常用命令方式如下：

① 工具栏：单击“修改”工具栏中按钮。

② 菜单栏：选择“修改”→“圆角”命令。

演示操作步骤如下：

将正方形进行圆角绘制，如图 2-22 所示。

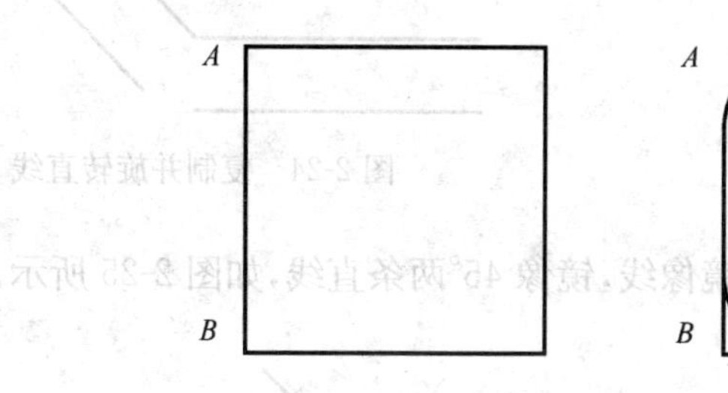

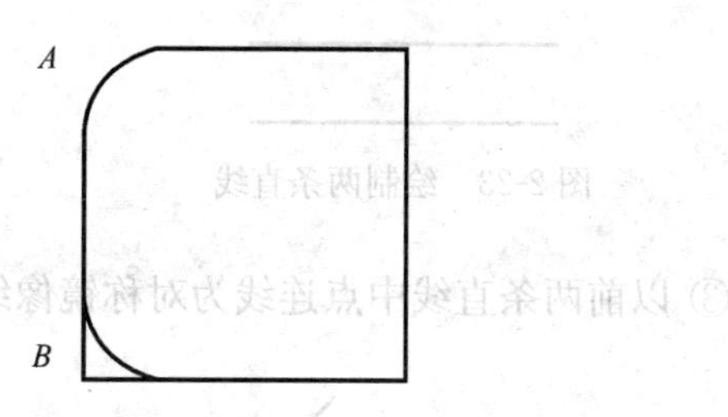

图 2-22　圆角绘制

命令：单击“修改”工具栏中按钮，命令行提示、操作如下：

命令行提示“选择第一个对象或[放弃(U)/多段线(P)/半径(R)/修剪(T)/多个(M)]”：

// 输入 T↙

输入修剪模式选项[修剪(T)]/不修剪(N)]<修剪>：//↙

选择第一个对象或[放弃(U)/多段线(P)/半径(R)/修剪(T)/多个(M)]：// 输入 R↙

指定圆角半径<0.0000>：// 输入 5↙

选择第一个对象或[放弃(U)/多段线(P)/半径(R)/修剪(T)/多个(M)]：// 选择角 A 一条边

选择第二个对象，或按住【Shift】键选择要应用角点的对象：// 选择角 A 另一条边

如果选择不修剪模式 N，对角 B 圆角处理结果如图 2-22 所示。

三、弯管绘制步骤(见图 2-13)

(一) 设置绘图环境

① 新建图形文件：选择“文件”→“新建”命令，弹出“选择样板”对话框。在对话框中选择“acadiso. dwt”(无样板公制)样板文件，单击“打开”按钮。系统新建一个文件。

② 设置图形界限：

选择“格式”→“图形界限(A)”命令，命令行提示：

“指定左下角点或[开(ON)/关(OFF)]<0.0000,0.0000>：”

输入 OFF，按【Enter】键。

重复选择“格式”→“图形界限(A)”命令，命令行提示：

“指定左下角点或[开(ON)/关(OFF)]<0.0000,0.0000>：”

在坐标处单击一点，命令行提示：

“指定右上角点<420.0000,297.0000>：”

直接按【Enter】键。

用鼠标单击“标准”工具栏“窗口缩放”按钮下拖至“全部缩放”，放大视图。

③ 设置图层：单击“图层对象管理器”按钮，在弹出的对话框中分别新建细实线层和粗实线层。

④ 选择状态栏的“极轴”、“对象捕捉”、“对象追踪”功能，采用默认的捕捉参数。

（二）操作步骤

① 绘制长为 80 的直线，并向下偏移 20，如图 2-23 所示。

② 将上述两条直线复制并以第一条直线左端点为基点旋转 45°，如图 2-24 所示。

图 2-23　绘制两条直线　　　　图 2-24　复制并旋转直线

③ 以前两条直线中点连线为对称镜像线，镜像 45°两条直线，如图 2-25 所示。

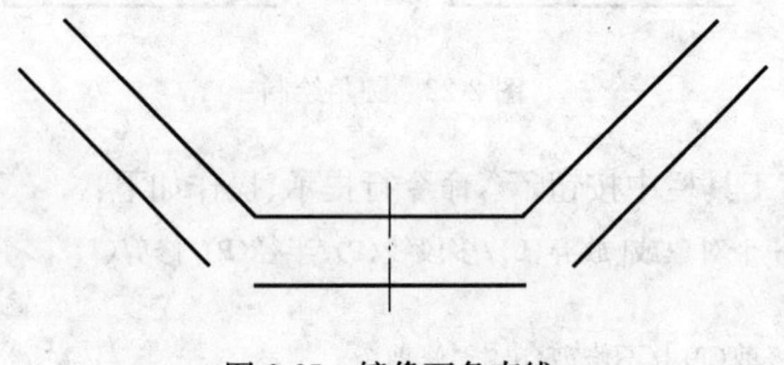

图 2-25　镜像两条直线

④ 连接直线两端并给直线转角处圆角，删除中点连线，如图 2-13 所示。

练　习

1. 绘制图 2-26 所示图形。

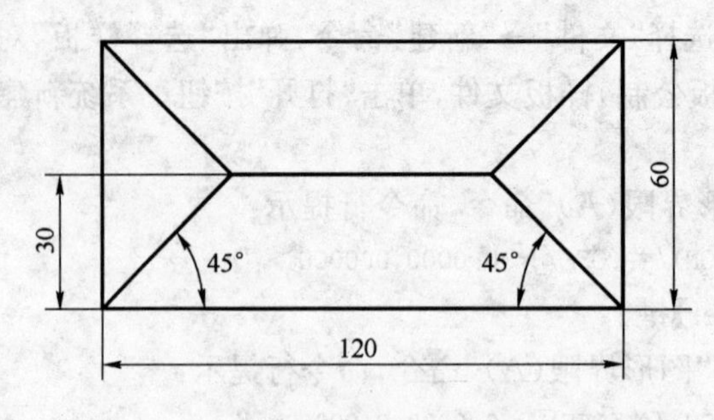

图 2-26　图例（一）

2. 绘制图 2-27 所示图形。

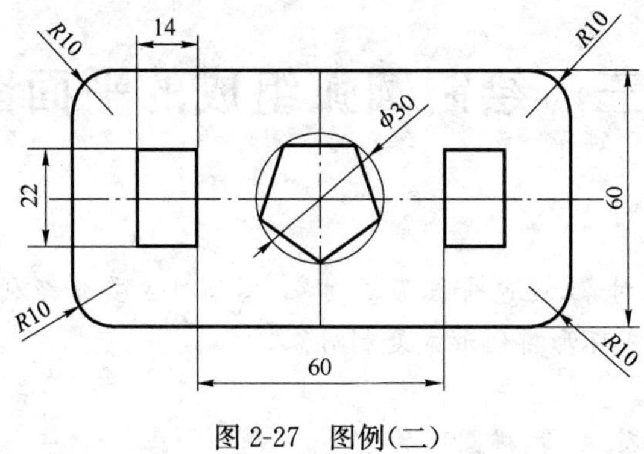

图 2-27　图例(二)

3. 绘制图 2-28 所示图形,倒角距离为 5。

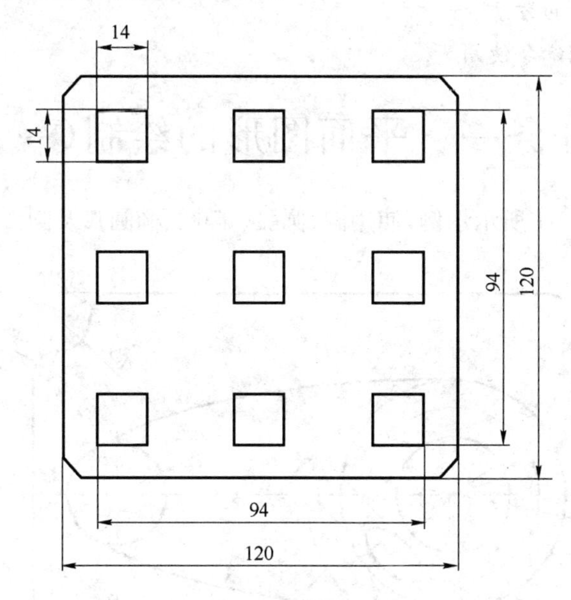

图 2-28　图例(三)

项目三　绘制圆弧组成的平面图形

• 项目引言

图形不仅包含线性对象，还包含圆弧类对象，本项目主要介绍利用圆弧类图形对象组成的平面图形和按矩形或环形排列形式复制对象。

• 学习目标

1. 掌握绘制圆、圆弧、椭圆、椭圆弧的方法。
2. 掌握圆弧连接方法。
3. 掌握阵列对象的方法。
4. 熟悉图案填充命令使用。

任务一　平面图形的绘制(一)

本任务为绘制图 3-1 所示示例，使用圆、圆弧、椭圆、椭圆弧及圆弧连接命令。

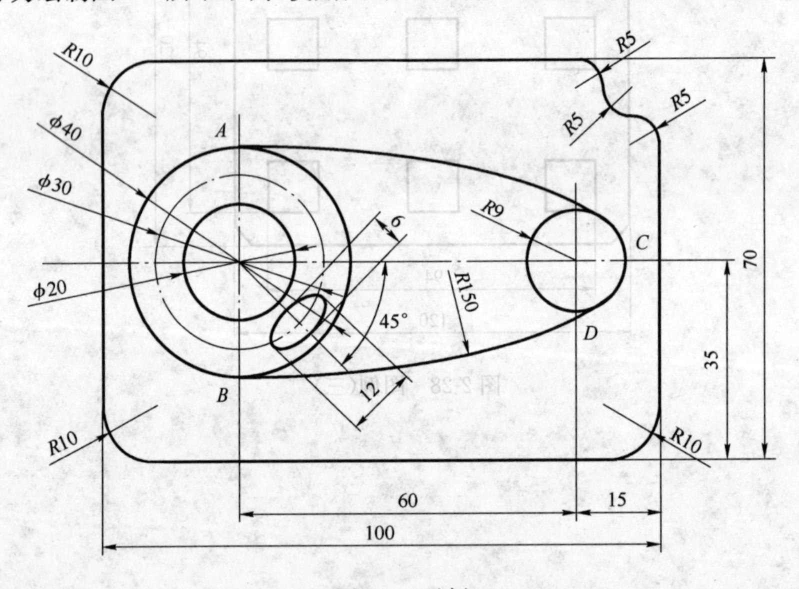

图 3-1　示例

任务图中主要用到圆、圆角、椭圆等几种图形对象。难点在于图中 R5 圆角、R150 圆弧连接及椭圆绘制。

一、圆、圆弧、椭圆绘制

(一) 绘制圆

常用命令方式如下：

① 工具栏：单击“绘图”工具栏中按钮。

② 菜单栏：选择“绘图”→“圆”命令。

命令选项说明如下：

① 圆心 、半经:指定圆心位置和半径值绘制圆。

② 圆心 、直径:指定圆心位置和直径值绘制圆。

③ 两点:指定圆周上两点绘制圆。

④ 三点:指定圆周上三点绘制圆。

⑤ 相切、相切、半径:指定两个相切对象,再输入半径值绘制圆。

⑥ 相切、相切 、相切:指定三个对象的三个切点。

演示操作步骤如下：

① 指定圆心、半径绘圆,如图 3-2 所示。

命令:单击“绘图”工具栏中按钮,命令行提示、操作如下：

指定圆的圆心或[三点(3P)/两点(2P)/相切、相切、半径(T)]:　　　　//单击圆心位置

指定圆的半径或[直径(D)]:　　　　//30↙

绘制结果如图 3-2 所示。

② 指定圆周上三点绘圆,如图 3-3 所示。

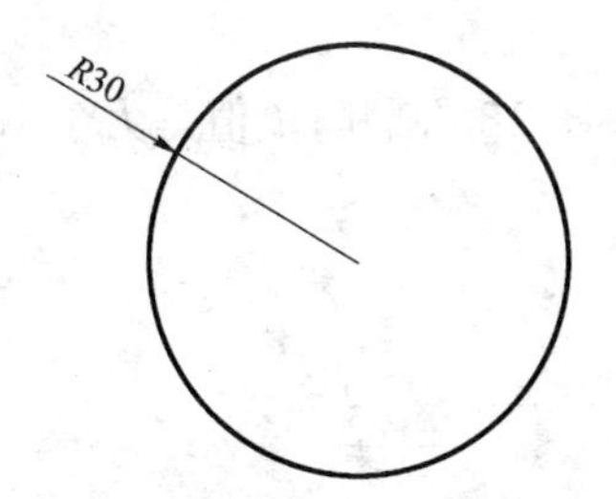

图 3-2　指定圆心、半径绘圆

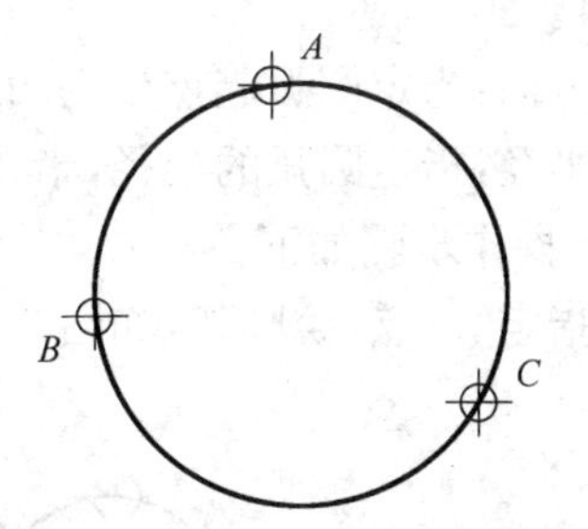

图 3-3　指定圆周上三点绘圆

命令:单击“绘图”工具栏中按钮,命令行提示、操作如下：

指定圆的圆心或[三点(3P)/两点(2P)/相切、相切、半径(T)]://3P↙

指定圆上的第一点:　　　　//单击点 A

指定圆上的第二点:　　　　//单击点 B

指定圆上的第三点:　　　　//单击点 C

绘制结果如图 3-3 所示。

③ 指定相切、相切、半径绘圆,如图 3-4 所示。

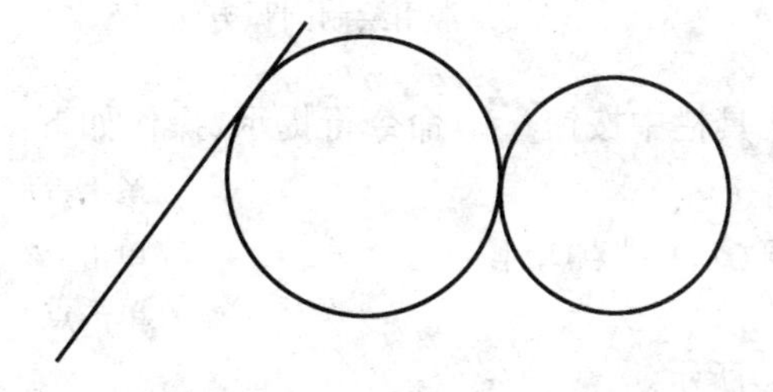

图 3-4　指定相切、相切、半径绘圆

命令:选择“绘图”→“圆”→“相切、相切、半径(T)”命令。命令行提示、操作如下：

指定对象与圆的第一个切点:　　　　//单击直线

指定对象与圆的第二个切点： //单击圆
指定圆的半径<当前值>： //40↙

绘制结果如图 3-4 所示。

（二）绘制圆弧

常用命令方式如下：

① 工具栏：单击“绘图”工具栏中按钮。

② 菜单栏：选择“绘图”→“圆弧”命令。

命令选项说明如下：

① 起点：指定圆弧的起始点位置。

② 圆心：指定圆弧的圆心。

③ 端点：指定圆弧的终止点。

④ 角度：指定圆弧对应的圆心角，圆心角为正值，从起点逆时针方向绘圆弧；圆心角为负值，从起点顺时针方向绘圆弧。

⑤ 弦长：指定圆弧起点到端点的长度，弦长有正负，正值是小于 180°圆弧；负值是大于 180°圆弧。

⑥ 方向：指定圆弧起点处的切线方向。

⑦ 半径：指定圆弧的半径，半径值有正负，正值是小于 180°圆弧；负值是大于 180°圆弧。

演示操作步骤如下：

① 指定“三点”绘圆弧，如图 3-5(a)所示。

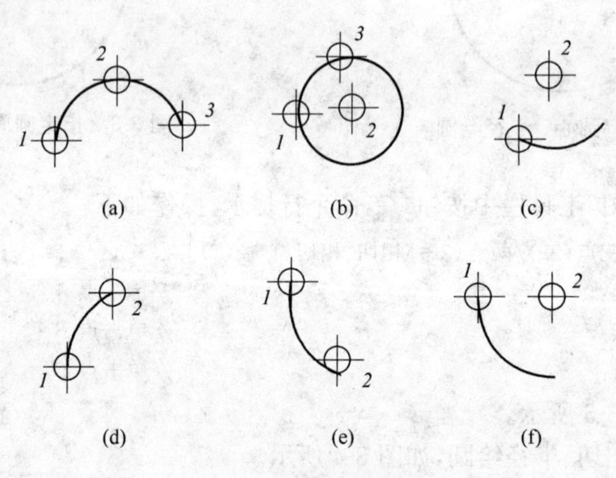

图 3-5 常用绘制圆弧方法

命令：单击“绘图”工具栏中按钮，命令行提示、操作如下：

指定圆弧的起点或[圆心(C)]： //单击点1
指定圆弧的第二点或[圆心(C)/端点(E)]： //单击点2
指定圆弧的端点： //单击点3

绘制结果如图 3-5(a)所示。

② 指定“起点 、圆心、端点(S)”绘圆弧，如图 3-5(b)所示。

命令：选择“绘图”→“圆弧”→“起点、圆心、端点”命令，命令行提示、操作如下：

指定圆弧的起点或[圆心(C)]： //单击点1
指定圆弧的第二点或[圆心(C)/端点(E)]：指定圆弧的圆心： //单击点2

指定圆弧的端点[角度(A)/弦长(L)]：　　//单击点3

绘制结果如图3-5(b)所示。

③ 指定“起点、圆心、角度(T)”绘圆弧，如图3-5(c)所示。

命令：选择“绘图”→“圆弧”→“起点、圆心 、角度”命令，命令行提示、操作如下：

指定圆弧的起点或[圆心(C)]：　　//单击点1
指定圆弧的第二点或[圆心(C)/端点(E)]：指定圆弧的圆心：　　//单击点2
指定圆弧的端点[角度(A)/弦长(L)]：指定包含角：　　//输入75↙

绘制结果如图3-5(c)所示。

④ 指定“起点、端点、方向(D)”绘圆弧，如图3-5(d)所示。

命令：选择“绘图”→“圆弧”→“起点 端点 方向(D)”命令，命令行提示、操作如下：

指定圆弧的起点或[圆心(C)]：　　//单击点1
指定圆弧的端点：　　//单击点2
指定圆弧的圆心或[角度(A)/方向(D)/半径(R)]：指定圆弧的起点切向：//单击切向上任一点

绘制结果如图3-5(d)所示。

⑤ 指定“起点、端点、半径(R)”绘圆弧，如图3-5(e)所示。

命令：选择“绘图”→“圆弧”→“起点 端点 半径(R)”命令，命令行提示、操作如下：

指定圆弧的起点或[圆心(C)]：　　//单击点1
指定圆弧的端点：　　//单击点2
指定圆弧的圆心或[角度(A)/方向(D)/半径(R)]：指定圆弧的半径：　　//输入半径值30↙

绘制结果如图3-5(e)所示。

⑥ 指定“起点、圆心、长度(A)”绘圆弧，如图3-5(f)所示。

命令：选择“绘图”→“圆弧”→“起点、圆心、长度(A)”命令，命令行提示、操作如下：

指定圆弧的起点或[圆心(C)]：　　//单击点1
指定圆弧的第二点或[圆心(C)/端点(E)]：指定圆弧的圆心：　　//单击点2
指定圆弧的端点[角度(A)/弦长(L)]：指定弦长：　　//输入30↙

绘制结果如图3-5(f)所示。

(三) 绘制椭圆

常用命令方式如下：

① 工具栏：单击“绘图”工具栏中按钮⭘。

② 菜单栏：选择“绘图”→“椭圆”命令。

命令选项说明如下：

① 轴端点：指定椭圆第一个轴的一个端点。

② 中心(C)：指定椭圆中心点。

③ 另一条半轴长度：指定第二个轴的半轴长度值。

演示操作步骤如下：

① 指定“轴 、端点(E)”绘椭圆，如图3-6(a)所示。

命令：单击“绘图”工具栏中按钮⭘，命令行提示、操作如下：

指定椭圆的轴端点或[圆弧(A)/中心点(C)]：　　//单击点1
指定轴的另一个端点：　　//单击点2
指定另一条半轴长度或[旋转(R)]：　　//输入20↙

绘制结果如图3-6(a)所示。

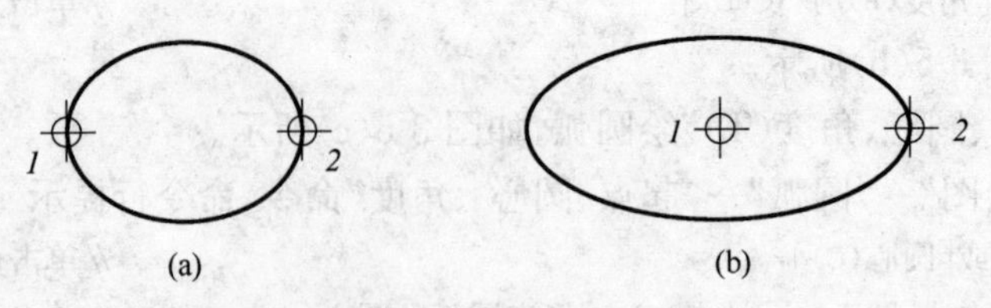

图 3-6　两种绘制椭圆方法

② 指定"中心点(C)"绘椭圆，如图 3-6(b)所示。

命令：单击"绘图"工具栏中按钮，命令行提示、操作如下：

指定椭圆的轴端点或[圆弧(A)/中心点(C)]:　　//输入 C↙
指定椭圆中心点:　　//单击点1
指定轴的端点:　　//单击点2
指定另一条半轴长度或[旋转(R)]:　　//输入 20↙

绘制结果如图 3-6(b)所示。

（四）绘制椭圆弧

常用命令方式如下：

① 工具栏：单击"绘图"工具栏中按钮。

② 菜单栏：选择"绘图"→"椭圆"→"圆弧(A)"命令。

命令选项说明如下：

① 圆弧(A)：创建一段椭圆弧。

② 角度：光标和椭圆中心点连线与 X 正方向的夹角。

③ 包含角(I)：从起始角度开始的椭圆弧包含角度。

演示操作步骤如下：

绘制图 3-7 所示椭圆弧。

图 3-7　椭圆弧绘制方法

命令：单击"绘图"工具栏中按钮，命令行提示、操作如下：

指定椭圆弧的轴端点或[中心点(C)]:　　//单击点1
指定轴的另一个端点:　　//单击点2
指定另一条半轴长度或[旋转(R)]:　　//输入 30↙
指定起始角度或[参数(P)]:　　//输入角度值↙
指定终止角度或[参数(P)/包含角(I)]:　　//输入角度值↙

绘制结果如图 3-7 所示。

二、常用对象连接方式

对象连接方式有多种，常用方法是切线连接、圆角连接、圆弧连接。圆角连接前面已学习，下面就切线连接、圆弧连接分别演示操作如下：

（一）切线连接

图 3-8 所示为两对象圆 A 和圆 B，用直线连接它们，操作过程如下：

选择"直线"命令，选择状态栏"对象捕捉"、"切点"命令，用鼠标进行切点捕捉，分别在圆 A 和圆 B 上拾取切点1 和2 。得到用切线连接两对象的图形。

（二）圆弧连接

圆弧连接是使用圆、椭圆命令将几个对象平滑连接。

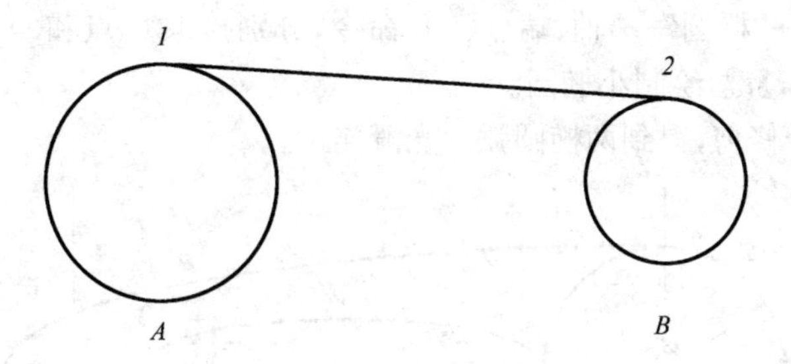

图 3-8　切线连接绘制

使用圆命令方法如下：

① 选择“相切、相切、半径”选项

② 选择“相切、相切、相切”选项

图 3-9 所示为直径分别为 90、55、35 的圆，分别用半径为 120、131 的圆弧连接。操作过程如下：

① 选择“绘图”→“圆”→“相切、相切、半径”命令，分别在切点附近拾取切点，再输入半径值 120，并按【Entcr】键。绘制半径为 120 的圆，使用“修剪”命令进行修剪，得到半径为 120 的圆弧连接。

② 选择“绘图”→“圆”→“相切、相切、相切”命令，分别在切点附近拾取切点，绘制半径为 131 的圆，使用修剪命令修剪得到半径为 131 的圆弧连接。

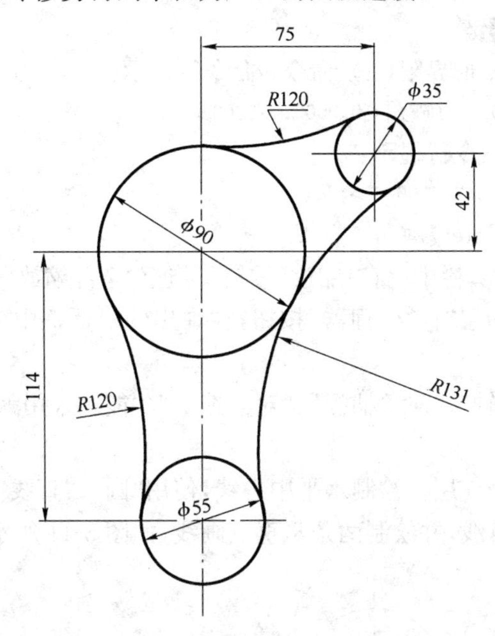

图 3-9　使用圆命令连接绘制

使用椭圆命令如下：

图 3-10 所示的直径为 25 的圆和半径为 7 的圆弧，用椭圆弧将两个对象平滑连接。操作过程如下：

① 选择“绘图”→“椭圆”→“轴、端点(E)”命令，在圆上拾取椭圆短轴两端点 B 和点 B 对称点后，单击点 A，绘制大椭圆。

② 选择“绘图”→“椭圆”→“轴、端点(E)”命令，分别拾取 C 点和 D 点输入小椭圆短轴半径值 5，再按【Enter】键，绘制小椭圆。

使用“修剪”命令修剪，得到两椭圆弧的光滑连接。

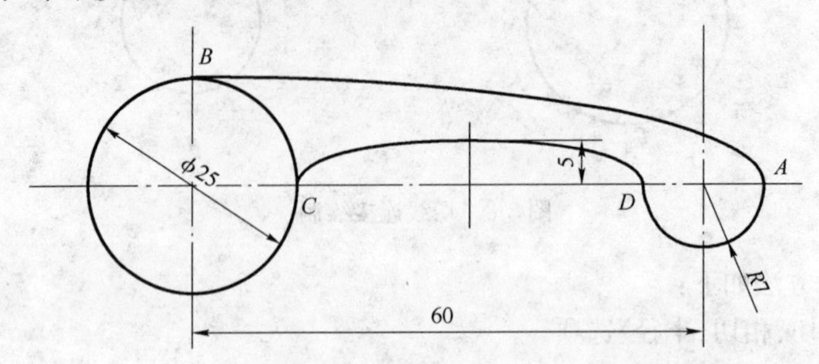

图 3-10 使用“椭圆”命令连接绘制

三、图 3-1 所示图形绘制步骤

（一）设置绘图环境

① 新建图形文件：选择“文件”→“新建”命令，弹出“选择样板”对话框。在对话框中选择“acadiso. dwt”(无样板公制)样板文件，单击“打开”按钮。系统新建一个文件。

② 设置图形界限：选择“格式”→“图形界限(A)”命令，命令行提示：

“指定左下角点或[开(ON)/关(OFF)]<0.0000,0.0000>：”

输入 OFF，按【Enter】键。

重复选择“格式”→“图形界限(A)”命令，命令行提示：

“指定左下角点或[开(ON)/关(OFF)]<0.0000,0.0000>：”

在坐标处单击一点，命令行提示：

“指定右上角点<420.0000,297.0000>：”

输入“297,210”，按【Enter】键。

用鼠标单击“标准”工具栏中“窗口缩放”按钮下拖至“全部缩放”，放大视图。

③ 设置图层：单击“图层对象管理器”按钮，在弹出的对话框中分别新建点画线层和粗实线层。

④ 打开“状态”栏“极轴”、“对象捕捉”、“对象追踪”功能。采用默认的捕捉参数。

（二）操作步骤

① 将点画线层作为当前层。绘制水平中心线，使用“圆”、“直线”、“偏移”命令绘制直径为 30 的圆，角度为 $-45°$ 直线，并绘制两条竖直点画线，如图 3-11 所示。

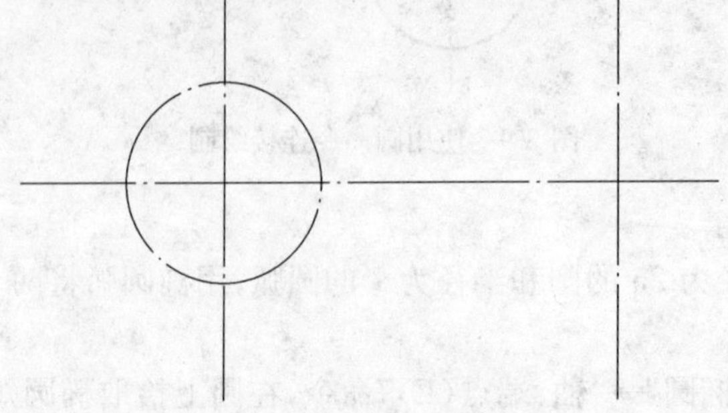

图 3-11 绘制点画线

② 将粗实线层作为当前层。

a. 使用“偏移”命令绘制图形外轮廓。

b. 使用“圆”命令分别绘制直径为 40、20、半径为 9 的圆，如图 3-12 所示。

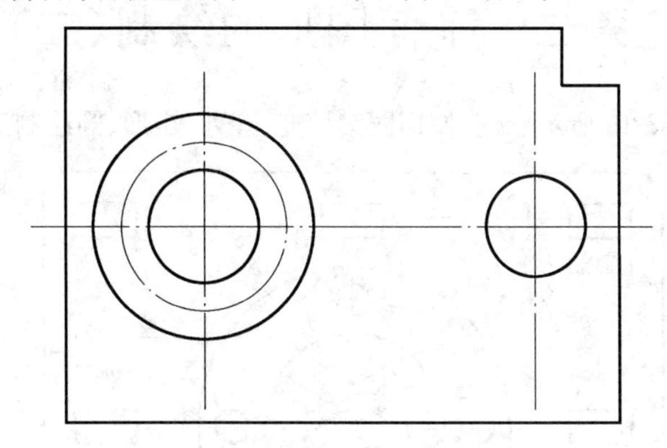

图 3-12　绘制图形外轮廓和圆

c. 选择“椭圆”→“中心点(C)”命令绘制小椭圆，选择“椭圆”→“轴端点(E)”命令，利用 A、B、C 三点绘制大椭圆，如图 3-13 所示。

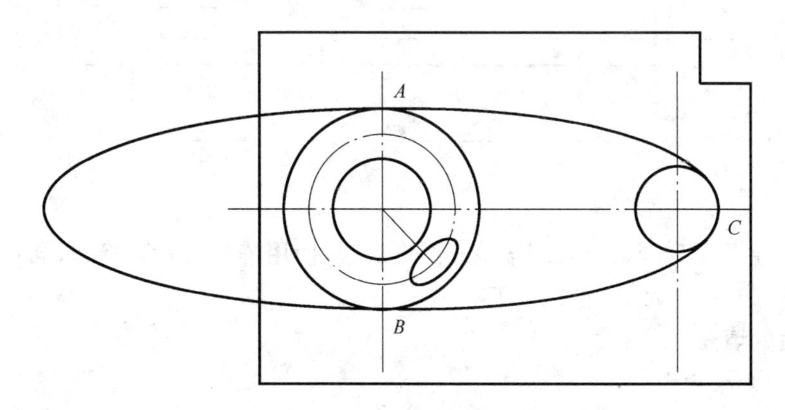

图 3-13　绘制大、小椭圆

d. 使用“修剪”命令，完成椭圆弧$\overset{\frown}{AC}$的绘制；选择“圆”→“相切、相切、半径”命令，绘制半径为 150 且与直径为 40 和半径为 9 两圆相切的圆。修剪得圆弧$\overset{\frown}{BD}$，如图 3-14 所示。

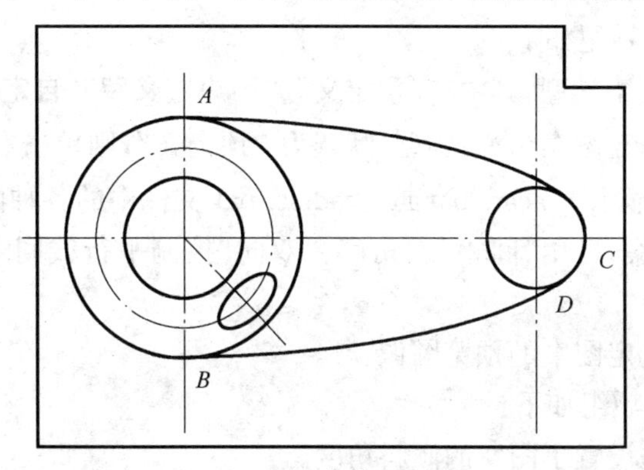

图 3-14　修剪后图形

e. 对图形进行圆角。使用"圆角"命令，分别对图形外轮廓进行绘制为 10 和 5 的圆角。完成如图 3-1 所示绘制任务。

任务二　平面图形的绘制（二）

本任务为绘制图 3-15 所示示例，使用图案填充、阵列、矩形、圆绘制等命令。

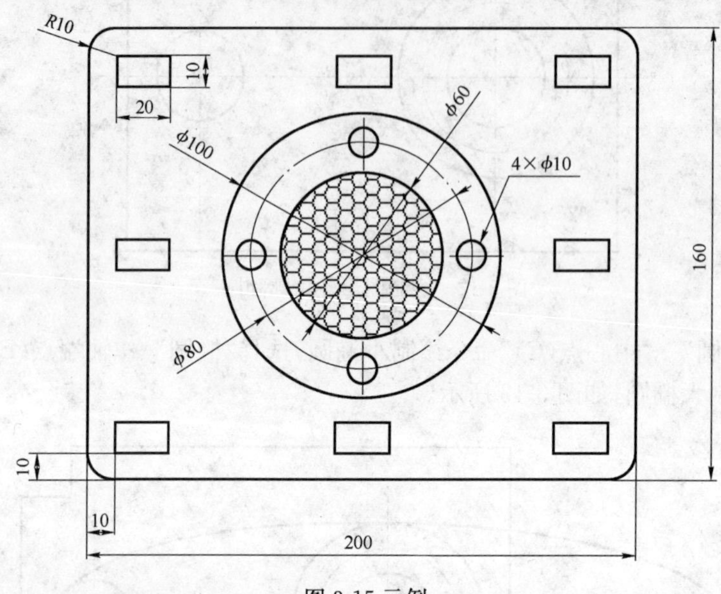

图 3-15 示例

任务图中主要用到圆、矩形、图案填充图形对象，使用阵列、偏移、修剪、圆角等命令，难点在于长度为 20，宽度为 10 的矩形阵列。

一、图案的填充

（一）常用命令方式

① 工具栏：单击"绘图"工具栏中按钮▨。

② 菜单栏：选择"绘图"→"图案填充"命令。

执行命令后，弹出如图 3-16 所示"图案填充和渐变色"对话框。

（二）对话框常用选项说明

①"类型和图案"选项组如下：

"类型"：用于选择图案类型，其中有"预定义"、"用户定义"和"自定义"3 个选项。

"图案"：显示当前填充图案名。"类型"默认为"预定义"，则单击右侧按钮[...]，弹出"填充图案选项板"对话框，显示了 acad. pat 或 acadiso. pat 文件中的各种图案；"类型"选用"用户定义"时，对平行线图案，可用"间距"、"角度、"双向"控制平行线间隔和倾角及是否生成网络型图案。

"样例"：显示当前选定图案的预览图像。

②"角度和比例"选项组如下：

"角度"：下拉列表框设置了图案的倾斜角度。

"比例"：下拉列表框设置了图案填充的比例。

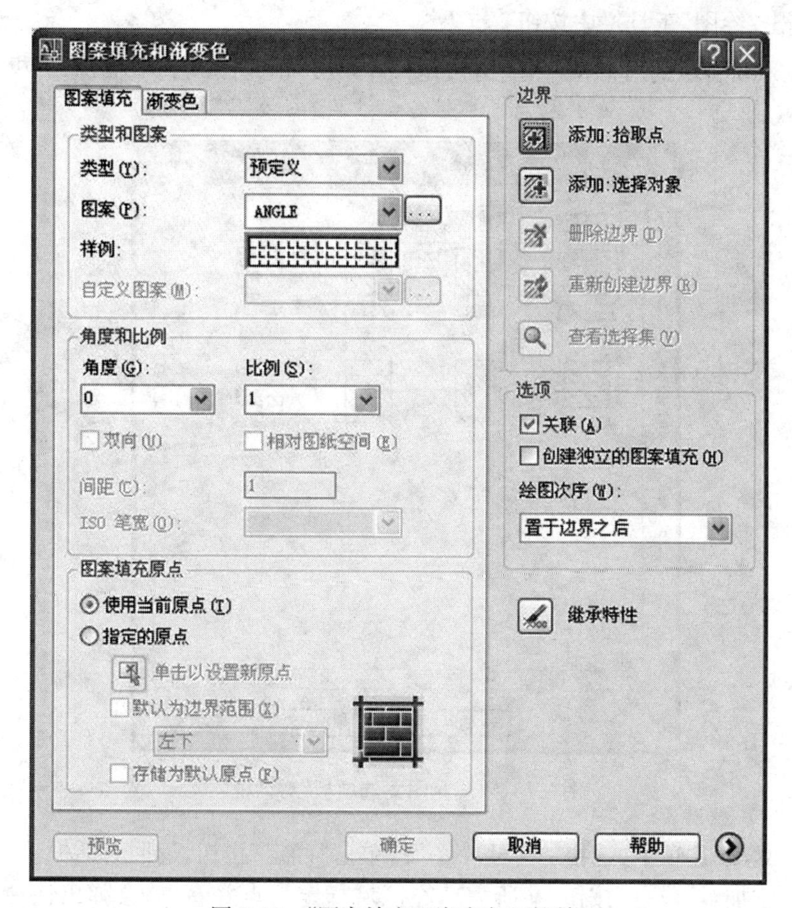

图 3-16　“图案填充和渐变色”对话框

③“边界”选项组如下：

“添加:拾取点”:在填充区域单击一点。

“添加:选择对象”:选择封闭对象确定边界。

(三) 演示操作步骤

填充图案,如图 3-17 所示。

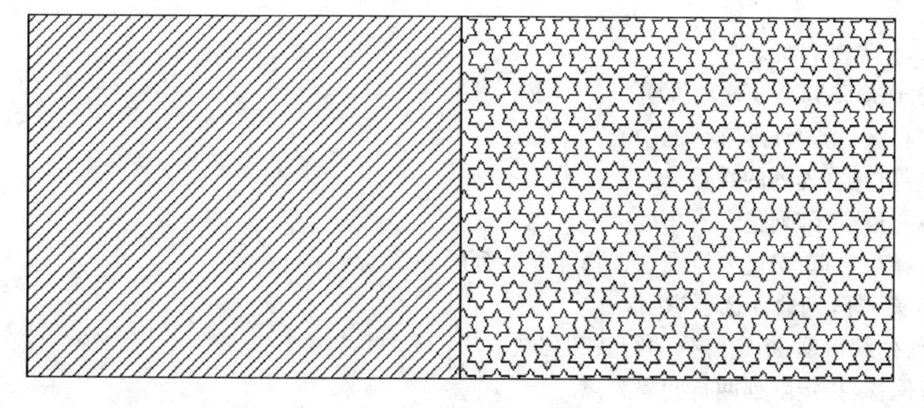

图 3-17　图案填充示例

命令:单击“绘图”工具栏中按钮

① 在图 3-16 所示的对话框中,单击按钮,弹出“填充图案选项板”对话框,如图 3-18 所示。

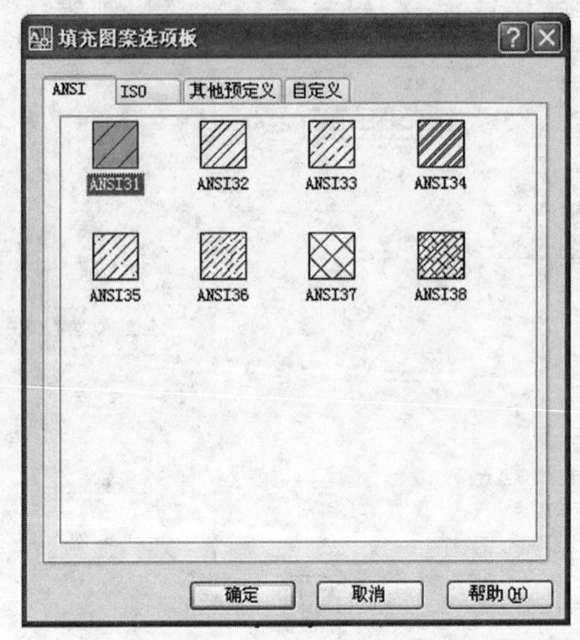

图 3-18 “填充图案选项板”对话框

② 选择 ANSI 选项卡,选择 ANSI31 图案,单击“确定”按钮,返回对话框。

③ 单击“添加:拾取点”按钮,在所需填充区域指定一点并右击,会弹出快捷菜单,选择“确认”命令,返回对话框,再单击“确定”按钮,完成需要的图案填充。

④ 在“填充图案选项板”对话框中,选择“其他预定义”选项卡,选择 STARS 图案,完成图 3-17 所示填充图案。

二、图形的阵列

(一) 常用命令方式

① 工具栏:单击“修改”工具栏中按钮。

② 菜单栏:选择“修改”→“阵列(A)”命令。

(二) 常用选项说明

① 环形阵列命令选项说明:

中心点:指定环形阵列的中心点位置。

项目总数:阵列的数目。

填充角度:阵列包含的角度。

选择对象:单击进入绘图区选择需要阵列的图形。

② 矩形阵列命令选项说明:

行、列编辑框:指定阵列的行数和列数。

行偏移:指定阵列两行间隔距离。

列偏移:指定阵列两列间隔距离。

阵列角度:指阵列方向,阵列后整体图形与 X 轴夹角,默认为 0°,水平方向。

（三）演示操作步骤

① 环形阵列：将图 3-19(a)所示图形绘制成图 3-19(b)所示样式。

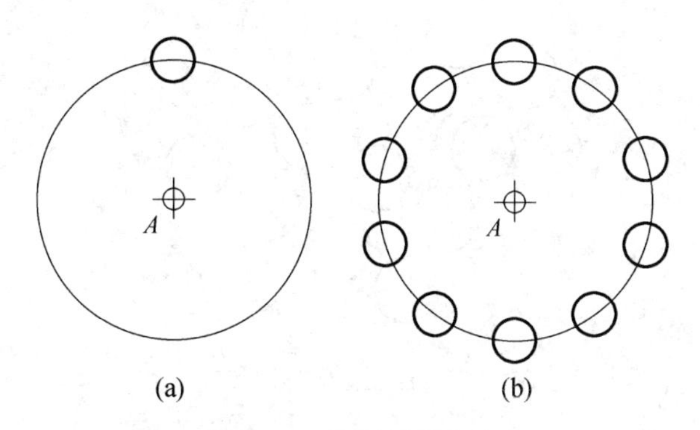

图 3-19　绘制环形阵列

命令：单击“修改”工具栏中按钮。

弹出图 3-20 所示“阵列”对话框。在对话框中选中“环形阵列”单选按钮，“项目总数”输入 10，“填充角度”输入 360，单击“拾取点”按钮，指定绘图区大圆圆心 A，返回对话框，单击“选择对象”按钮，选择绘图区小圆，返回对话框，单击“确定”按钮，完成操作，如图 3-19 所示。

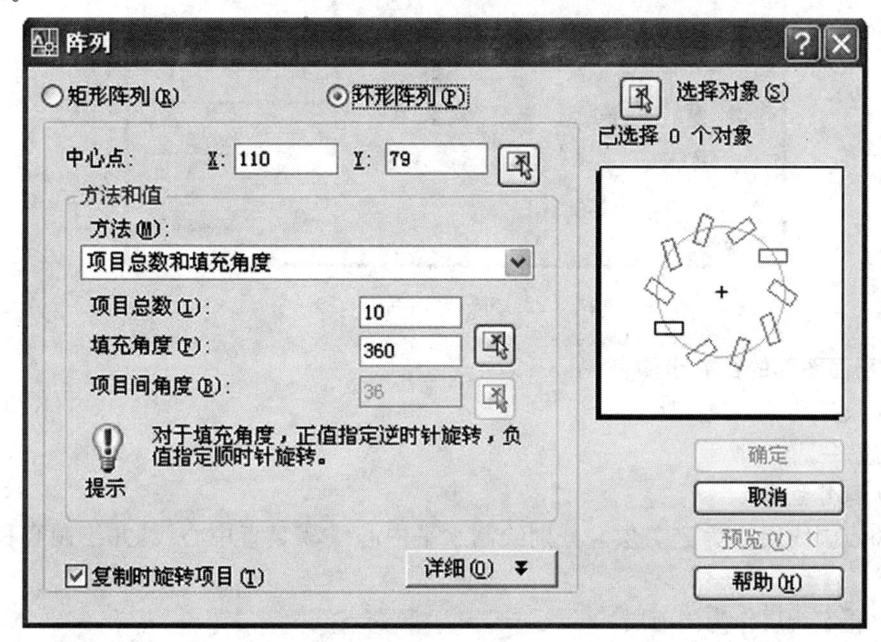

图 3-20　“阵列”对话框(一)

② 矩形阵列：绘制如图 3-21 所示图形。

绘制半径为 10 的小圆 A。

命令：单击“修改”工具栏中按钮。

在弹出的“阵列”对话框中，选中“矩形阵列”单选按钮，在“行”、“列”文本框中分别输入 4；在“行偏移”、“列偏移”文本框中分别输入 25；在“阵列角度”文本框中输入 30，如图 3-22 所示，单击“选择对象”按钮，选择小圆 A，返回对话框，单击“确定”按钮，完成操作，如图3-21所示。

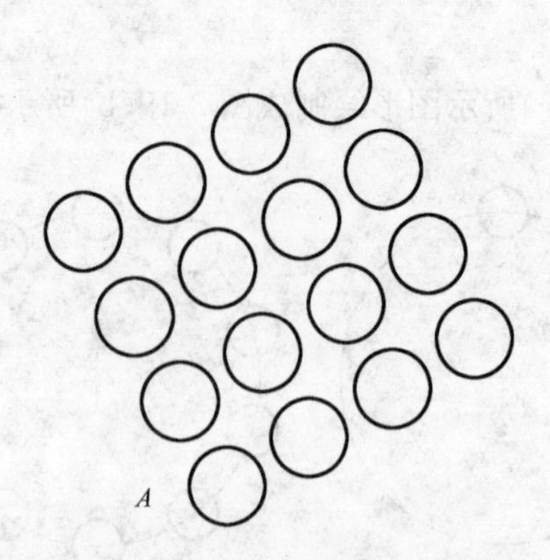

图 3-21　绘制矩形阵列(二)

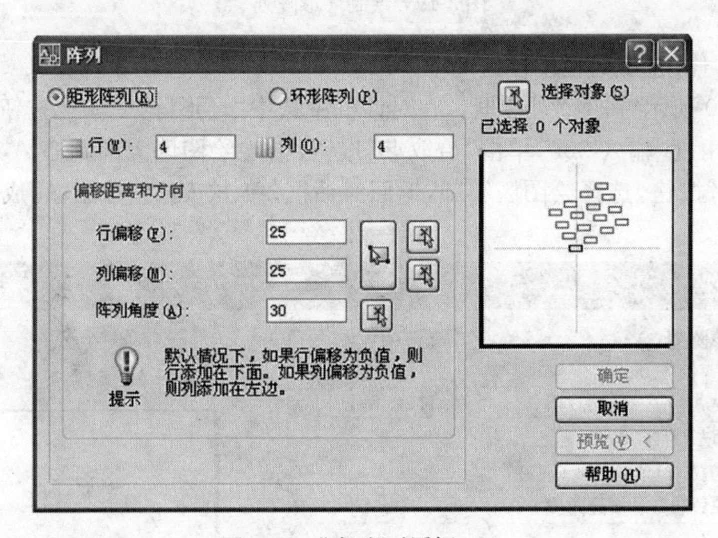

图 3-22　“阵列”对话框(二)

三、平面图形的绘制步骤(见图 3-15)

(一) 设置绘图环境

同任务一。

(二) 操作步骤：

① 将点画线层作为当前层。分别绘制水平中心线和竖直中心线,并绘制直径为 80 的圆。

② 将粗实线层作为当前层。

a. 上、下偏移水平线各 80,左右偏移竖直线各 100,修剪得矩形框。将矩形框换层到粗实线层。

b. 分别绘制直径为 100、60、10 的圆。

c. 环形阵列直径为 10 的小圆。选择“删除”、“修剪”命令,得到图 3-23 所示图形。

d. 将矩形框左边、下边分别向右、向上偏移 10,在交点处绘制长为 20、宽为 10 的小矩形,删除所偏移两条线。

e. 将小矩形进行矩形阵列,阵列选项如图 3-24 所示。阵列后得图 3-25 所示图形。

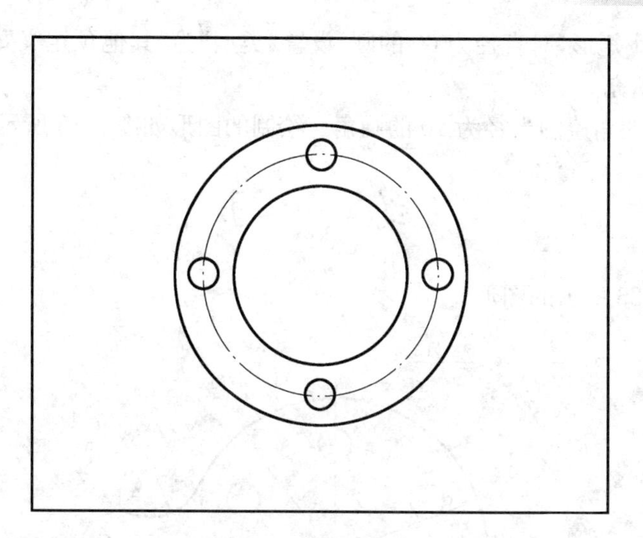

图 3-23　绘制圆和外轮廓

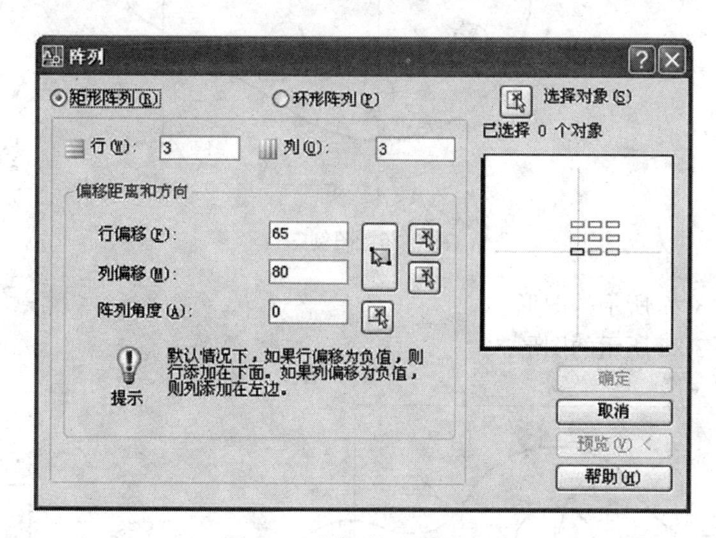

图 3-24　“阵列”对话框(三)

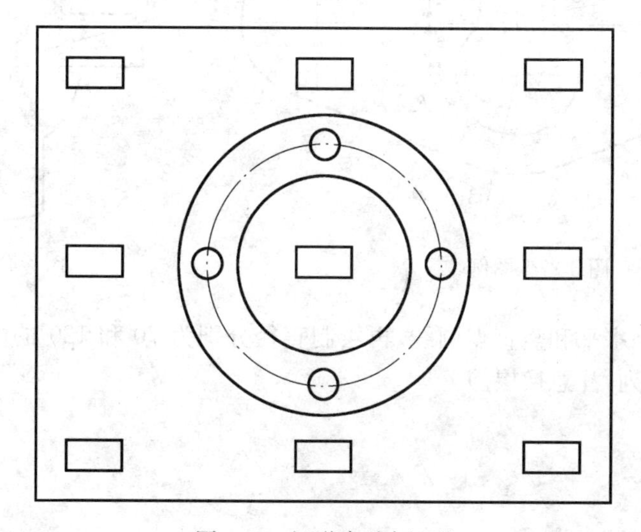

图 3-25　矩形阵列小矩形

f. 删除中间小矩形,对直径为 60 的圆,设置“类型”为“其他预定义”,“ 图案”为 HONEY,并对其进行填充。

g. 对矩形框四角绘制半径为 10 的圆角。绘制的图形如图 3-15 所示。

练　习

1. 绘制图 3-26 所示的图形。

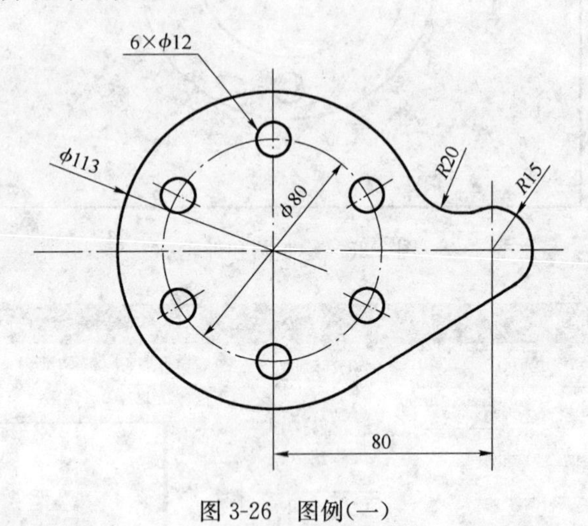

图 3-26　图例(一)

2. 绘制图 3-27 所示的图形。

3. 绘制图 3-28 所示的图形。

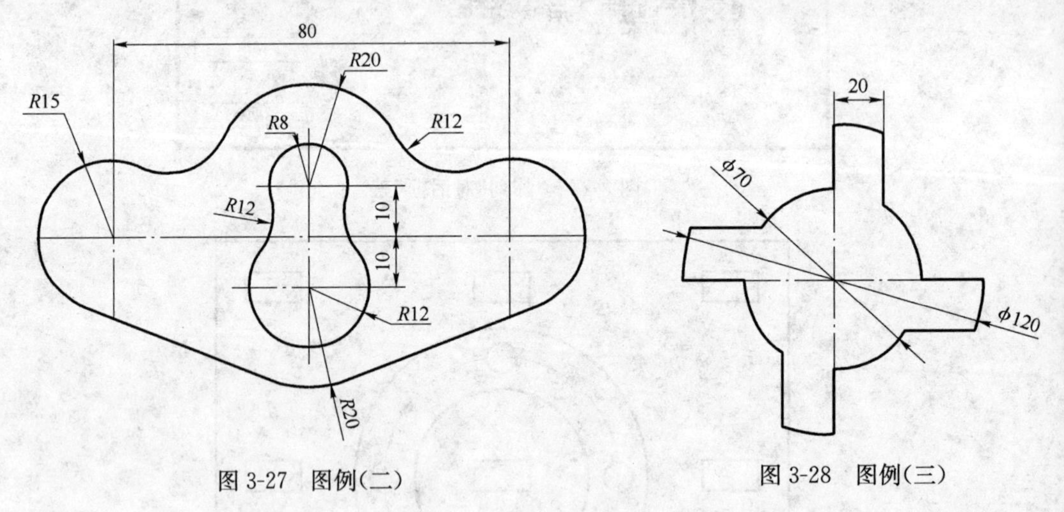

图 3-27　图例(二)　　图 3-28　图例(三)

(提示:先绘制水平和竖直点画线,再绘制直径分别为 70 和 120 的两圆。偏移竖直线 20,修剪后进行阵列,注意换层。)

项目四 快速准确的绘图工具

• **项目引言**

为快速和准确绘图，必须熟悉常用的绘图辅助工具。

• **学习目标**

1. 熟悉图形对象的显示控制。
2. 掌握块的使用。
3. 了解图形对象特性修改、信息查询、外部参照及设计中心。

任务一 视图的平移与缩放

绘图时，需要查看图形的不同部位和细节及整体。本任务完成图形显示的控制操作。

一、视图的平移

常用命令方式如下：

① 工具栏：单击“标准”工具栏中按钮。

② 菜单栏：选择“视图”→“平移”→“实时”命令。

执行命令后，进入实时平移模式，绘图区中十字光标变成了手形光标，按住左键拖动鼠标就可以平移图形，松开左键，图形停止移动，按【Enter】键、【Esc】键或右击显示快捷菜单均可退出视图平移模式。

二、视图的缩放

常用命令方式如下：

① 工具栏：单击“标准”工具栏中按钮。

② 菜单栏：选择“视图”→“缩放”→“实时”命令。

执行命令后，进入视图实时缩放模式，绘图区中十字光标变成了放大镜形式光标，按住左键向上拖动鼠标就可以放大图形，向下拖动鼠标就可以缩小图形，松开左键，图形停止缩放，按【Enter】键、【Esc】键或右击显示快捷菜单均可退出视图实时缩放模式。

任务二 查询图形信息

AutoCAD 2007 提供了查询功能。常用的是查看距离、面积和周长及获取图形对象的数据信息。

一、查看两点间距离

分别查看 AB、AC 间距离，如图 4-1 所示。

常用命令方式如下：

① 工具栏：单击“查询”工具栏中按钮。

② 菜单栏：选择“工具”→“查询”→“距离”命令。

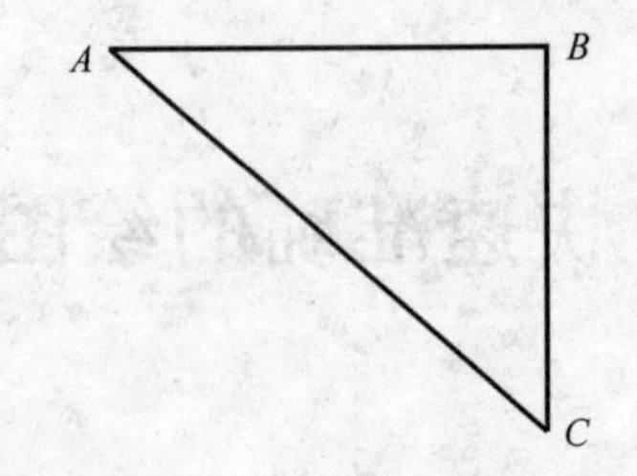

图 4-1　距离查询

执行命令后，命令行提示、操作如下：

指定第一点：　　　　//指定点 A

指定第二点：　　　　//指定点 B

命令行显示 A、B 两点间距离值，如图 4-2 所示。

```
X 增量 = 134.0613,    Y 增量 = 0.0000,    Z 增量 = 0.0000
命令:
```

图 4-2　距离查询结果

同理操作，指定 A、C 两点。命令行显示 A、C 两点间距离值及信息，如图 4-3 所示。

```
距离 = 193.9823, XY 平面中的倾角 = 314,    与 XY 平面的夹角 = 0
X 增量 = 134.0613,    Y 增量 = -140.2023,    Z 增量 = 0.0000
```

图 4-3　距离及信息

二、查看封闭区域面积和周长

查看矩形 $ABCD$ 的面积和周长，如图 4-4 所示。

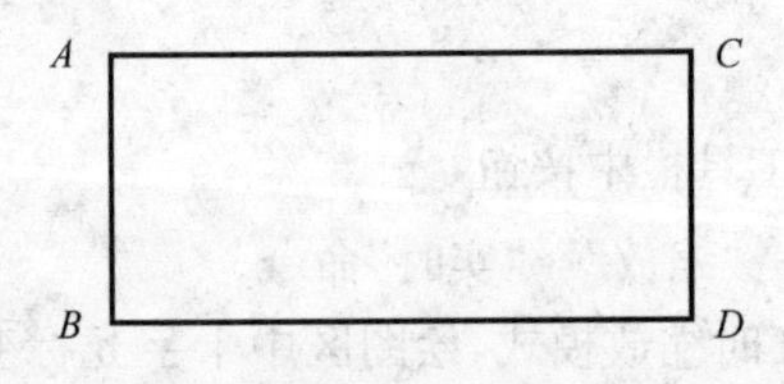

图 4-4　面积和周长查询

常用命令方式如下：

① 工具栏：单击“查询”工具栏中按钮。

② 菜单栏：选择“工具”→“查询”→“面积”命令。

执行命令后，命令行提示、操作如下：

指定第一个角点或[对象(O)/加(A)/减(S)]：　　　　//输入 O↙

选择对象：　　　　//选择矩形

命令行显示矩形的面积和周长，如图 4-5 所示。

```
面积 = 14609.8978, 周长 = 523.5094
```

图 4-5　面积和周长查询结果

三、列表显示图形信息

列表显示正六边形的信息，如图 4-6 所示。

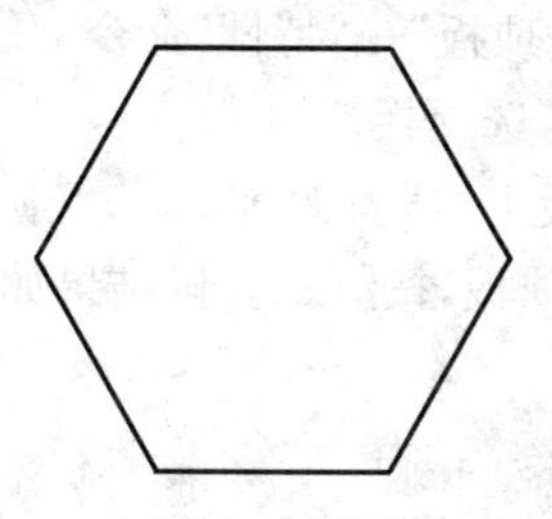

图 4-6　查询图形信息

常用命令方式如下：

① 工具栏：单击“查询”工具栏中按钮 。

② 菜单栏：选择“工具”→“查询”→“列表显示”命令。

执行命令后，命令行提示、操作如下：

选择对象：　　　　　　　　　　　　　　　　　　　　//选择正六边形，↙

窗口列表显示正六边形信息，如图 4-7 所示。

```
LWPOLYLINE  图层: 0
            空间: 模型空间
    句柄 = 6b
  闭合
固定宽度   0.0000
    面积   1039.2305
  周长   120.0000
  于端点  X= 378.3544  Y= 176.1911  Z=   0.0000
  于端点  X= 368.3544  Y= 158.8706  Z=   0.0000
  于端点  X= 378.3544  Y= 141.5501  Z=   0.0000
  于端点  X= 398.3544  Y= 141.5501  Z=   0.0000
  于端点  X= 408.3544  Y= 158.8706  Z=   0.0000
  于端点  X= 398.3544  Y= 176.1911  Z=   0.0000
```

图 4-7　列表显示对象信息

任务三　对象特性修改

选择一个图形对象，“特性”选项板会显示特性项目和特性值。如果修改特性值，会反映到选择的图形中，图形会发生改变。

图 4-8(a)所示为原图样，通过修改特性值后变成图 4-8(b)所示图样。操作步骤如下：

选择图 4-8(a)所示椭圆。

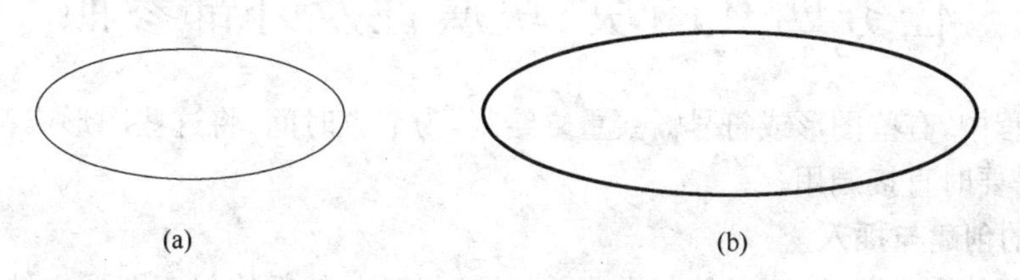

图 4-8　对象特性修改

常用命令方式如下：

① 工具栏：单击“标准”工具栏中按钮 。

② 菜单栏：选择“工具”→“选项板”→“特性”命令。

执行命令后，窗口显示“特性”选项板。

修改特性值：在“特性”选项板上，线宽改为 0.4，椭圆长轴半径和短轴半径分别修改为 80 和 25，如图 4-9 所示。关闭选项板，按【Esc】键，结果如图 4-8(b)所示。

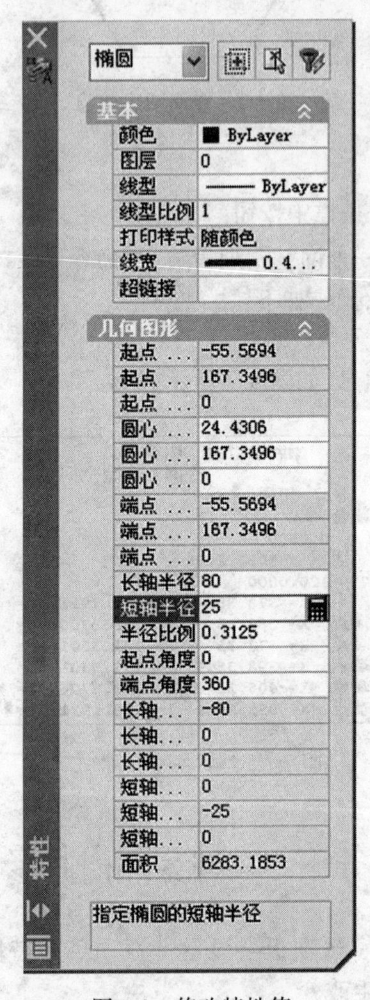

图 4-9　修改特性值

任务四　图块、块属性及外部参照

绘图过程中，有些图形或符号需要重复绘制，为节省时间，将这些图形或符号作为一个整体保存，需要时直接调用。

一、块的创建与插入

块分内部块和外部块，内部块仅在当前绘图时使用，外部块保存图形文件，任何时候可以调用。

(一) 块的创建

内部块创建：

(1) 常用命令方式如下：

① 工具栏：单击“绘图”工具栏中按钮 。

② 菜单栏：选择“绘图”→“块”→“创建”命令。

执行命令后，弹出图 4-10 所示的“块定义”对话框。

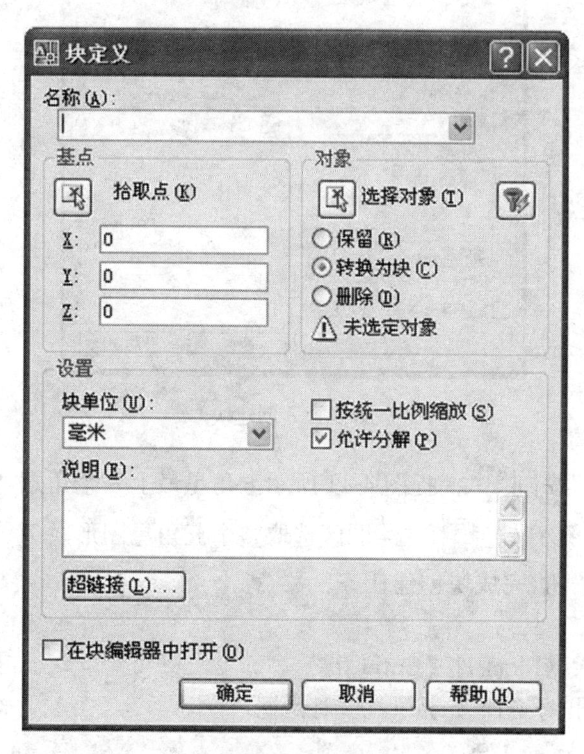

图 4-10　“块定义”对话框

(2) 对话框常用选项说明如下：

① “名称”：输入新块名称。

② “基点”选项组：作为插入块时的基准点，一般是拾取图形的特殊点。也可在文本框中输入坐标值。

③ “对象”选项组：作为块的图形。

选择对象：在绘图区选取要定义为块的对象。

保留：创建块后，保留源对象。

转换为块：创建块后，同时将源对象转化为块。

删除：创建块后，删除源对象。

④ 块单位：指定插入块时的长度单位，默认单位为“毫米”。

⑤ 允许分解：指图块在使用中可以分解。

(3) 演示操作步骤如下：

① 绘制图 4-11 所示五角星图形。

② 单击“绘图”工具栏中按钮，弹出 “块定义”对话框。

图 4-11　五角星

③ 在“名称”文本框中输入“五角星”，如图 4-12 所示。

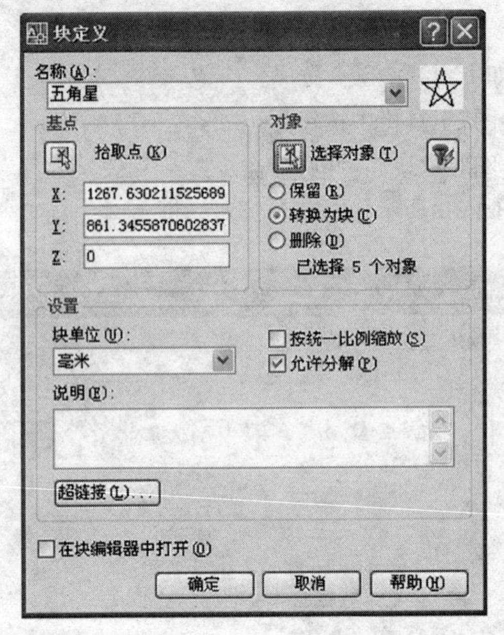

图 4-12　创建块

④ 单击“拾取点”按钮，捕捉图 4-11 所示五角星最上一个角点，定为插入基点。

⑤ 单击“选择对象” 按钮，在绘图区选取整个五角星图形。

⑥ 单击“确定”按钮，完成块创建任务。

外部块创建：

(1) 命令行：输入 wblock，按【Enter】键。

执行命令后，弹出图 4-13 所示“写块”对话框。

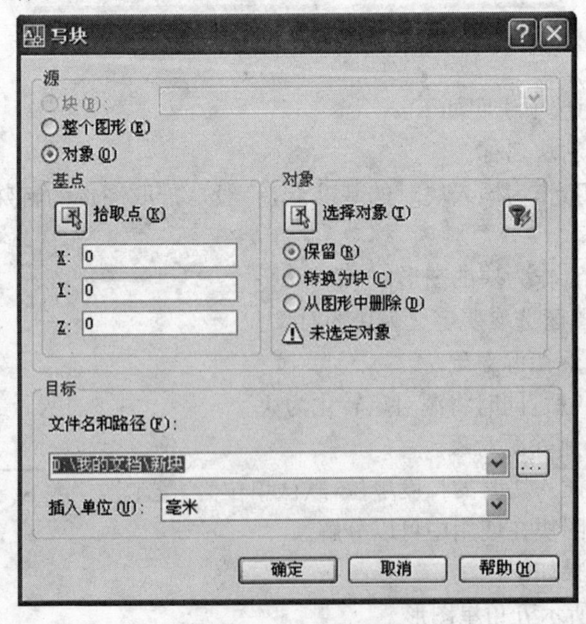

图 4-13　“写块”对话框

(2) 对话框常用选项说明如下：

① 块:选择已定义的块作为当前写块。

② 整个图形:选择正在绘制的整个图形作为当前写块。

③ 对象:选择当前图形中的部分对象。

④ 目标选项区:指定块文件名称、位置及插入单位。

⑤ 基点和对象 :意义同“块定义”对话框。

3. 演示操作步骤:除命令不同、需要设文件名和路径外,其余步骤同内部块创建。

(二) 块的插入

(1) 常用命令方式如下：

① 工具栏:单击“绘图”工具栏中按钮。

② 菜单栏:选择“插入”→“块”命令。

执行命令后,弹出图 4-14 所示“插入”对话框。

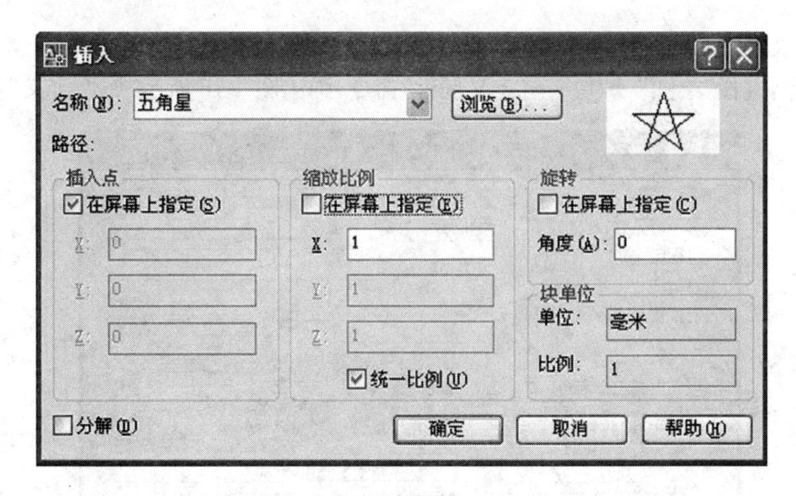

图 4-14　“插入”对话框

(2) 对话框常用选项说明如下：

① 名称:选择要插入的块名。

② 插入点:一般在绘图窗口中指定。

③ 缩放比例：用于设置块插入的比例。三个方向比例可以相同可以不同。

④ 旋转:用于设置块插入的角度。

⑤ 分解:选中此项,插入块同时自动分解块。

(3) 演示操作步骤:执行插入命令后,在弹出的“插入”对话框中选择块名称“五角星”;缩放比例中选统一比例 0.5;设置旋转角度为 45°,如图 4-15 所示。单击“确定”按钮,可将图块插入图形中。

(三) 块的编辑

在图形中插入块后,先单击“修改”工具栏中“分解”按钮,再选择需编辑的块,将块分解为单个对象,然后再进行编辑。

二、块的属性与属性编辑

属性是块中的文本对象。绘制图形后,定义属性,再将图形与属性一起创建块。

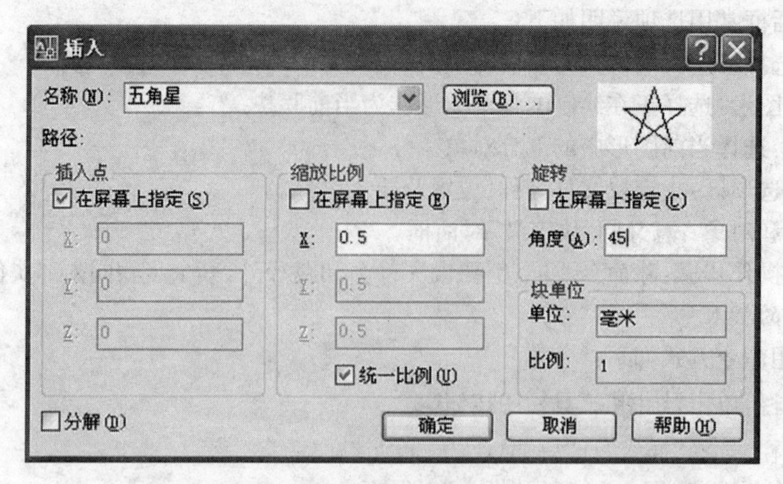

图 4-15　给定参数后的“插入”对话框

(一) 定义块属性

(1) 命令:选择“绘图”→“块”→“定义属性”命令,弹出图 4-16 所示“属性定义”对话框。

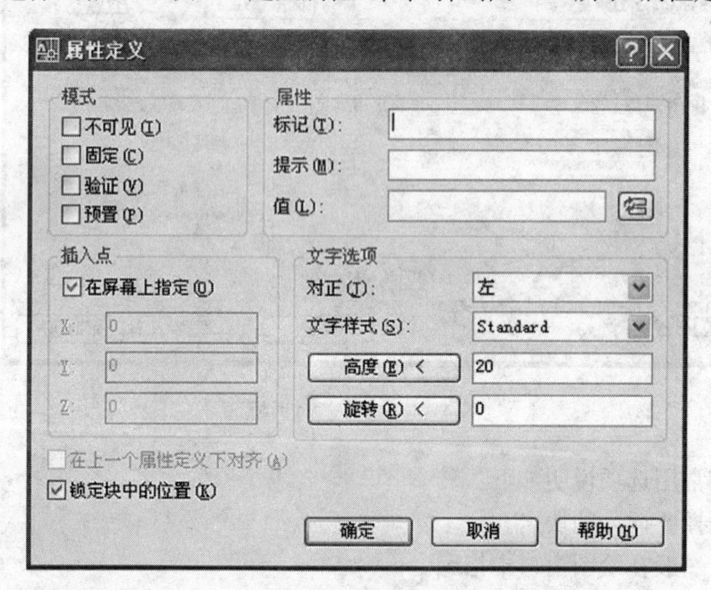

图 4-16　“属性定义”对话框

(2) 对话框常用选项说明如下:

① “模式”选项组:用于定义属性模式。“不可见”指属性不显示图形中;“固定”指属性值不变;“验证”指插入时提示验证属性值是否正确;“预置”是插入块时显示属性的默认值,插入块后可以修改。一般这四个选项都不选择。插入块时会提示输入属性值。

② “属性”选项组:用于定义文本属性。“标记”是为属性指定名称,必须设置;“提示”是命令行显示的提示信息;“值”是为属性指定默认值。

③ 插入点:用于确定属性的位置。一般在绘图窗口中指定。

④ “文字”选项组:用于设置属性文字的对齐、样式、高度及旋转。

⑤ 锁定块中的位置:选此项是锁定属性在块中的位置。

(3) 演示操作步骤如下：

① 绘制图 4-17(a)所示图形。

② 选择“绘图”→“块”→“定义属性”命令。对话框中各选项如图 4-18 所示。单击“确定”按钮，属性插入图形中，如图 4-17(b)所示。

图 4-17　定义属性块图形

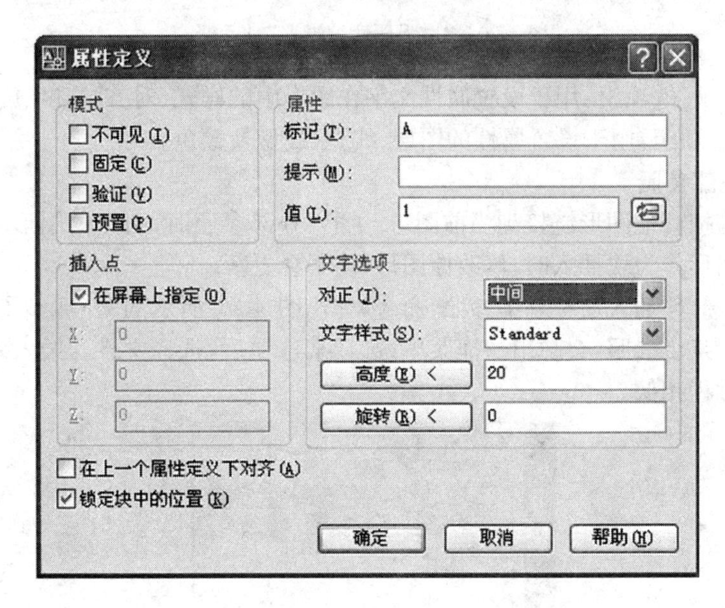

图 4-18　给定参数后的“属性定义”对话框

③ 将图 4-17(b)所示图形创建为块，以图形直线下端点为基点。

④ 插入属性块，命令行输入属性值 1；重复插入属性块操作，命令行分别输入属性值 2、3、4，如图 4-19 所示。

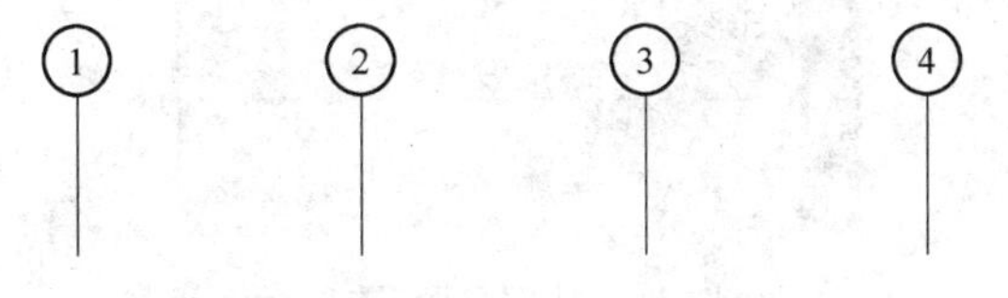

图 4-19　插入一排属性块

(二) 属性编辑

(1) 命令：选择“修改”→“对象”→“属性”→“单个”命令。

选择属性块后，弹出图 4-20 所示的“增强属性编辑器”对话框。

(2) 对话框常用选项说明如下：

① “属性”选项组：用于设置每个属性的标记、提示及值。只能在“值”文本框中输入新值。

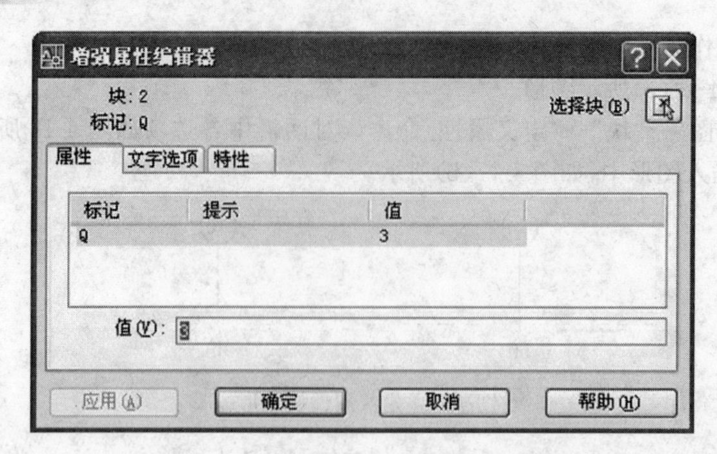

图 4-20 “增强属性编辑器”对话框

② “文字选项”选项组:用于设置属性文字在图形中的样式、对齐、高度、旋转等。

③ “特性”选项组:用于设置属性的图层、线宽、线型及颜色。

三、使用外部参照

外部参照是把其他图形链接到当前图形。插入外部参照时,引用的图形随原图形的修改自动更新。图形作为块插入时,修改原图形,块不会更新。

操作步骤:选择“插入”→“外部参照”命令,弹出图 4-21 所示的“外部参照”选项板。右击参照名列表中某个参照,会弹出快捷菜单,选择某选项后,选择文件。插入外部参照的过程与插入块的过程相似。

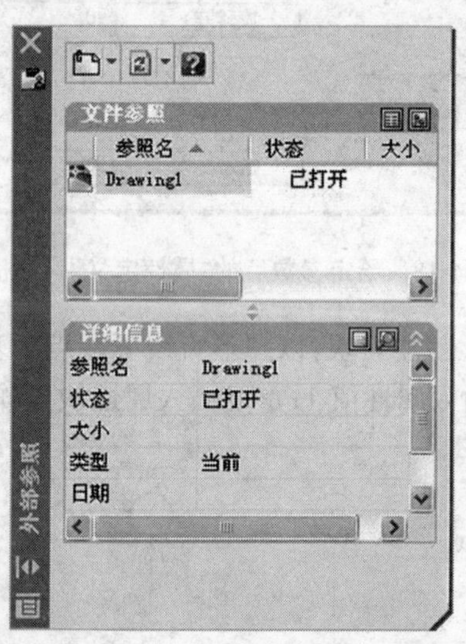

图 4-21 “外部参照”选项板

任务五　设 计 中 心

设计中心是提供用户共享资源的工具,作用是在当前图形中加入其他图形的内容,从而达到快速绘图目的。

一、调用“设计中心”选项板

选择“工具”→“选项板”→“设计中心”命令,打开图 4-22 所示的“设计中心”选项板。它由上部的工具按钮和下面左为树状图、右为内容区的窗口组成。在树状图中浏览内容的源，在内容区显示内容。

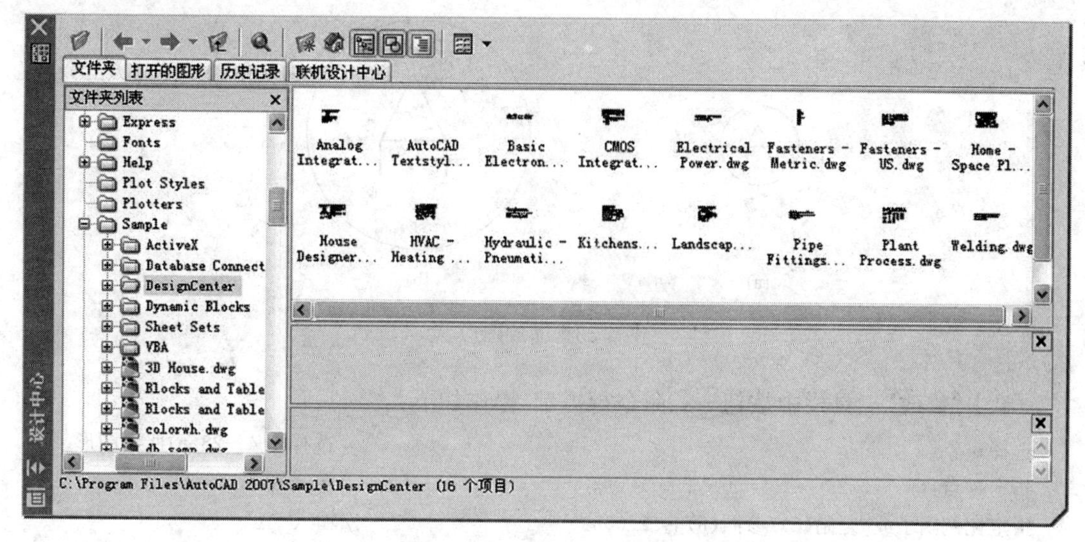

图 4-22　“设计中心”选项板

二、使用树状图

双击层次结构中的某个项目显示下一层次的内容；对于具有子层次的项目，单击左侧加号“＋”或减号“－”显示或隐藏其子层次。

三、内容区域

在树状图中浏览文件、块、自定义内容操作时，内容区域中会显示出表示图层、块、外部参照及其他图形内容的图标。

四、插入块

选中块后，直接拖放至当前图形中，再对其编辑。

五、工具的常用设置(拓展)

绘图中需要对常用工具进行设置。

选择“工具”→“选项”命令，弹出“选项”对话框。对话框有 10 个选项卡，一般采用默认设置。常用设置有“显示”、“草图”、“选择”选项卡。

“显示”选项卡：常用于设置窗口颜色、字体等元素，显示精度及十字光标大小。

“草图”选项卡：常用于设置自动捕捉标记大小及靶框大小。

“选择”选项卡：常用于设置拾取框大小及夹点大小。

六、“缩放”命令使用(拓展)

“缩放”命令是将图形按给定的比例因子放大或缩小，创建与原图形形状相同，大小不同的图形。

(1) 常用命令方式如下：

① 工具栏：单击“修改”工具栏中按钮。

② 菜单栏：选择“修改”→“缩放”命令。

执行命令后，选择需缩放图形对象，输入比例因子改变图形大小，大于 1 时放大，小于 1 时缩小。

(2) 演示操作步骤如下：

将图 4-23(a)所示图形创建成图 4-23(b)所示图形。

图 4-23　缩放图形

单击“修改”工具栏中按钮，命令行提示、操作如下：

选择对象：　　//选择图 4－23(a)所示图形↙

指定基点：　　//单击圆心

指定比例因子或[复制(C)/参照(R)]<2.000>　　//输入 3↙

绘制结果如图 4-23(b)所示。

练　　习

1. 绘制一个正方形。

① 对正方形进行视图的平移和缩放操作。

② 对正方形进行缩放和移动操作。

③ 查询正方形的边长及周长和面积。

2. 用创建块属性的方法绘制图 4-24 所示图形。

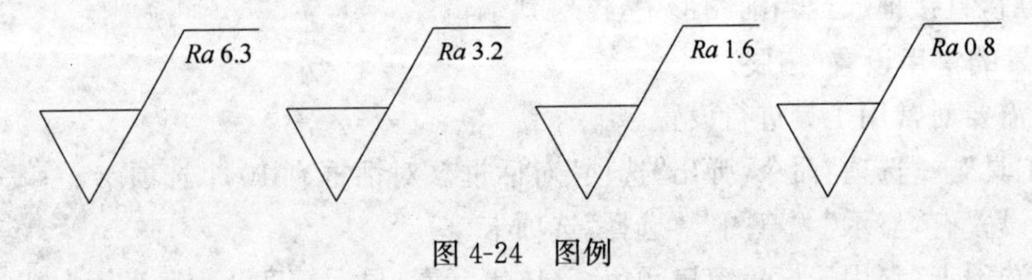

图 4-24　图例

项目五　复杂形状的平面图形绘制

• 项目引言

前面已介绍了基本绘图命令，要绘制复杂平面图形，需要使用多段线命令，并掌握一定的绘图方法和技巧。

• 学习目标

1. 掌握多段线绘制方法。
2. 熟练运用"绘图"、"修改"工具栏的基本命令。
3. 掌握绘制复杂平面图形的方法和技巧。

任务一　多段线绘制

绘制图 5-1 所示图形。多段线由相连的直线段或圆弧线段组成，也可以是它们组成复合线段的图形对象，可一次性编辑相连线段，对复杂图形编辑有明显优势。本任务的学习目的是掌握复杂多段线绘制方法。

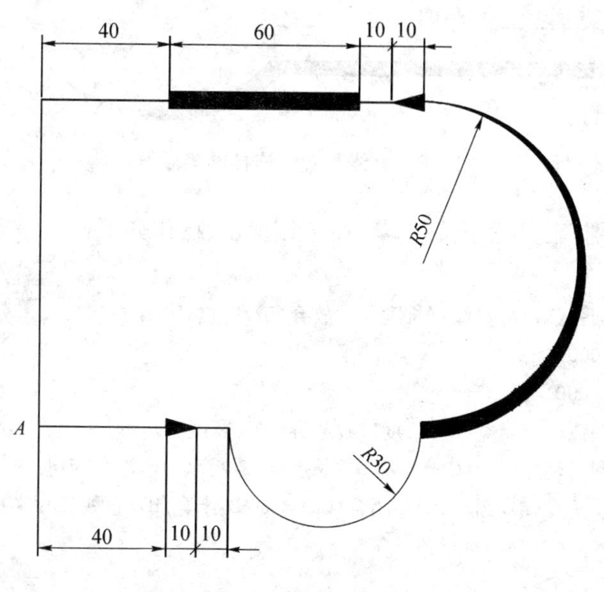

图 5-1　复杂多段线

多段线绘制难点在于直线段和圆弧的转换，先进行起点和端点的线宽设置，再进行直线段或圆弧的操作。

一、多段线命令使用

(1) 常用命令方式如下：

① 工具栏：单击"绘图"工具栏中按钮。

② 菜单栏：选择"绘图"→"多段线(P)"命令。

(2) 命令选项说明：绘制多段线时有两种绘图模式，直线绘图模式和圆弧绘图模式，执行命令后，默认是直线绘图模式。指定一点后，选项说明如下：

① 下一个点：指定线段的另一个端点。

② 圆弧(A)：进入圆弧绘图模式。

③ 半宽(H)：设置下一段多段线线宽的一半。

④ 长度(L)：指定直线长度。

⑤ 放弃(U)：取消最后一步操作。

⑥ 宽度(W)：设置下一段多段线线宽。

⑦ 闭合(C)：从当前位置到多段线起点绘制直线，形成闭合多段线。

若输入 A 进入圆弧绘图模式。选项说明如下：

① 角度(A)：输入圆弧所对应的圆心角。

② 圆心(CE)：指定圆弧的圆心。

③ 闭合(CL)：从当前位置到多段线起点绘制圆弧，形成闭合多段线。

④ 方向(D)：圆弧起点处切线方向。

⑤ 直线(L)：切换到绘制直线段绘制模式。

⑥ 第二个点(S)：给定圆弧上的一个点。

⑦ 圆弧的弦方向：圆弧的弦与 X 轴正向夹角。

(3) 演示操作步骤：绘制图 5-2 所示多段线。

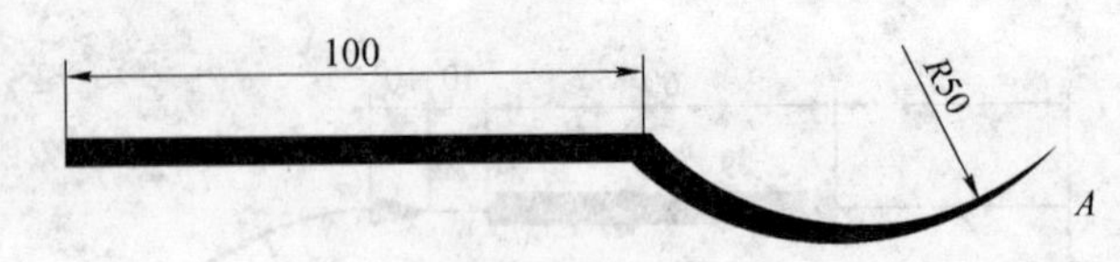

图 5-2　直线与圆弧连接的多段线

命令：单击“绘图”工具栏中按钮，命令行提示、操作如下：

指定起点：　//指定一点 A

指定下一个点或[圆弧(A)/半宽(H)/长度(L)/放弃(U)/宽度(W)]：　//输入 W↙

指定起点宽度<0.0000>：　//输入 5↙

指定端点宽度<5.0000>：　//↙

指定下一个点或[圆弧(A)/半宽(H)/长度(L)/放弃(U)/ 宽度(W)]：　//输入长度 100↙

指定下一个点或[圆弧(A)/闭合(C)/半宽(H)/长度(L)/放弃(U)/ 宽度(W)]：　//输入 A↙

指定圆弧的端点或[角度(A)/圆心(CE)/闭合(CL)方向(D)半宽(H)/直线(L)/半径(R)/第二个点(S)/放弃(U)/宽度(W)]：　//输入 W↙

指定起点宽度<5.0000>：　//↙

指定端点宽度<5.0000>：　//输入 0↙

指定圆弧的端点或[角度(A)/圆心(CE)/闭合(CL)方向(D)半宽(H)/直线(L)/半径(R)/第二个点(S)/放弃(U)/宽度(W)]：　//输入 A↙

指定包含角：　//输入 90↙

指定圆弧的端点或[圆心(CE)/半径(R)]：　//输入 R↙

指定圆弧的半径：　//输入 50↙

指定圆弧的弦方向：　//输入 0↙

二、图 5-1 所示复杂多段线绘制步骤

（一）设置绘图环境

① 新建图形文件：选择“文件”→“新建”命令，弹出“选择样板”对话框。在对话框中选择“acadiso. dwt”（无样板公制）样板文件，单击“打开”按钮。系统新建一个文件。

② 设置图形界限：选择“格式”→“图形界限（A）”命令，命令行提示：

“指定左下角点或[开(ON)/关(OFF)]＜0.0000,0.0000＞：”

输入 OFF，按【Enter】键。

重复选择“格式”→“图形界限（A）”命令，命令行提示：

“指定左下角点或[开(ON)/关(OFF)]＜0.0000,0.0000＞：”

在坐标处单击一点，命令行提示：

“指定右上角点＜420.0000,297.0000＞：”

输入“297,210”，按【Enter】键。

用鼠标按住标准工具栏“窗口缩放”按钮下拖至“全部缩放”松开，放大视图。

③ 设置图层：单击“图层对象管理器”按钮，在弹出的对话框中分别新建点画线层、细实线层、粗实线层。

④ 打开状态栏“极轴”、“对象捕捉”、“对象追踪”，采用默认的捕捉参数。

（二）操作步骤

命令：单击“绘图”工具栏中按钮，命令行提示、操作如下：

指定起点：　　//在绘图区指定点 A

指定下一个点或[圆弧(A)/半宽(H)/长度(L)/放弃(U)/宽度(W)]：

　　//水平向右移动光标输入长度 40↙

指定下一个点或[圆弧(A)/闭合(C)/半宽(H)/长度(L)/放弃(U)/ 宽度(W)]：

　　//输入 W↙

指定起点宽度＜0.0000＞：　　//输入 5↙

指定端点宽度＜5.0000＞：　　//输入 0↙

指定下一个点或[圆弧(A)/闭合(C)/半宽(H)/长度(L)/放弃(U)/ 宽度(W)]：

　　//水平向右移动光标输入长度 10↙

指定下一个点或[圆弧(A)/闭合(C)/半宽(H)/长度(L)/放弃(U)/ 宽度(W)]：

　　//水平向右移动光标输入长度 10↙

指定下一个点或[圆弧(A)/闭合(C)/半宽(H)/长度(L)/放弃(U)/ 宽度(W)]：//输入 A↙

指定圆弧的端点或[角度(A)/圆心(CE)/闭合(CL)方向(D)半宽(H)/直线(L)/半径(R)/第二个点(S)/放弃(U)/宽度(W)]：　　//输入 A↙

指定包含角：　　// 输入 180↙

指定圆弧的端点或[圆心(CE)/半径(R)]：　　//输入 R↙

指定圆弧的半径：　　//输入 30↙

指定圆弧的弦方向：　　//输入 0↙

指定圆弧的端点或[角度(A)/圆心(CE)/闭合(CL)方向(D)半宽(H)/直线(L)/半径(R)/第二个点(S)/放弃(U)/宽度(W)]：　　//输入 W↙

指定起点宽度＜0.0000＞：　　//输入 5↙

指定端点宽度＜5.0000＞：　　//输入 0↙

指定圆弧的端点或[角度(A)/圆心(CE)/闭合(CL)方向(D)半宽(H)/直线(L)/半径(R)/第二个点(S)/放弃(U)/宽度(W)]：　　//输入 A↙

指定包含角：　　//输入 180↙

指定圆弧的端点或[圆心(CE)/半径(R)]：　　//输入 R↙

指定圆弧的半径：　　//输入 50↙

指定圆弧的弦方向：　　//输入 90↙

指定圆弧的端点或[角度(A)/圆心(CE)/闭合(CL)方向(D)半宽(H)/直线(L)/半径(R)/第二个点(S)/放弃(U)/宽度(W)]：　　//输入 L↙

指定下一个点或[圆弧(A)/闭合(C)/半宽(H)/长度(L)/放弃(U)/ 宽度(W)]：//输入 W↙

指定起点宽度＜0.0000＞：　　//输入 5↙

指定端点宽度＜5.0000＞：　　//输入 0↙

指定下一个点或[圆弧(A)/闭合(C)/半宽(H)/长度(L)/放弃(U)/ 宽度(W)]：

//水平向左移动光标输入长度 10↙

指定下一个点或[圆弧(A)/闭合(C)/半宽(H)/长度(L)/放弃(U)/ 宽度(W)]：

//水平向左移动光标输入长度 10↙

指定下一个点或[圆弧(A)/闭合(C)/半宽(H)/长度(L)/放弃(U)/ 宽度(W)]：//输入 W↙

指定起点宽度＜0.0000＞：　　//输入 5↙

指定端点宽度＜5.0000＞：　　//↙

指定下一个点或[圆弧(A)/闭合(C)/半宽(H)/长度(L)/放弃(U)/ 宽度(W)]：

//水平向左移动光标输入长度 60↙

指定下一个点或[圆弧(A)/闭合(C)/半宽(H)/长度(L)/放弃(U)/ 宽度(W)]：//输入 W↙

指定起点宽度＜5.0000＞：　　//输入 0↙

指定端点宽度＜0.0000＞：　　//↙

指定下一个点或[圆弧(A)/闭合(C)/半宽(H)/长度(L)/放弃(U)/ 宽度(W)]：

//水平向左移动光标输入长度 40↙

指定下一个点或[圆弧(A)/闭合(C)/半宽(H)/长度(L)/放弃(U)/ 宽度(W)]：//输入 C↙

完成图 5-1 所示多段线的绘制。

任务二　复杂形状平面图形绘制

本任务完成复杂平面图形绘制，如图 5-3 所示。

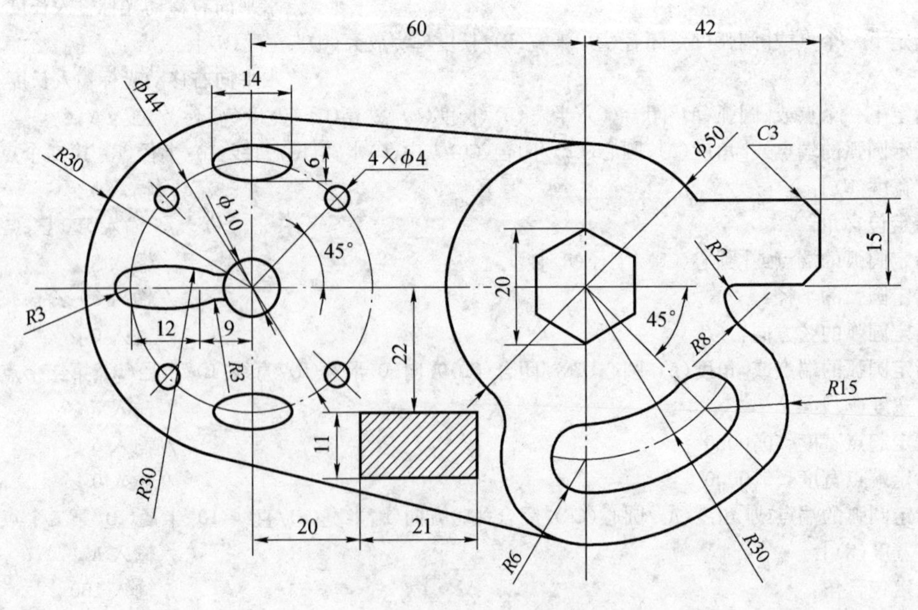

图 5-3　复杂形状平面图形

任务图中包含圆、椭圆、正多边形、图案填充等对象，除运用镜像、阵列、旋转、倒角命令外，大量运用修剪、圆角命令。

一、设置绘图环境

同任务一。

二、操作步骤

(1) 将点画线层作为当前层。绘制水平中心线，使用“圆”、“直线”“构造线”、“偏移”、“修剪”命令绘制直径为 44 的圆，半径为 30 的圆弧，角度为 45°、−45°直线，两条竖直点画线，如图 5-4 所示。

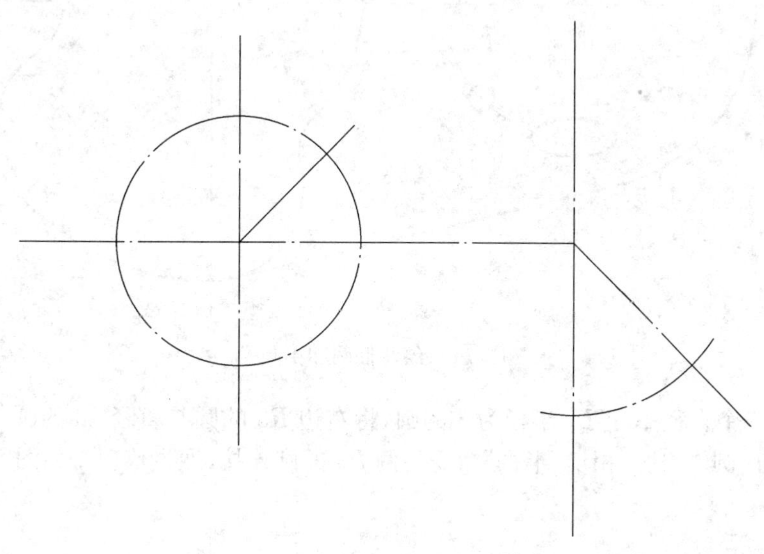

图 5-4　绘制点画线

(2) 将粗实线层作为当前层。

① 使用“圆”、“直线”、“圆角”、“倒角”等命令绘制图形外轮廓，如图 5-5 所示。

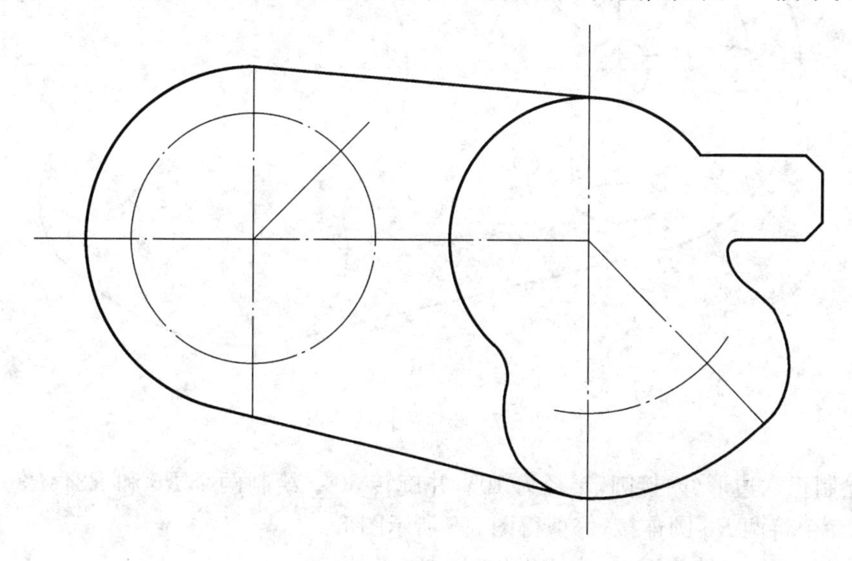

图 5-5　绘制图形外轮廓

② 绘制一个直径为 4 的小圆，进行环形阵列后得到四个小圆；再绘制长轴为 14、短轴为 6 的椭圆，镜像，如图 5-6 所示。

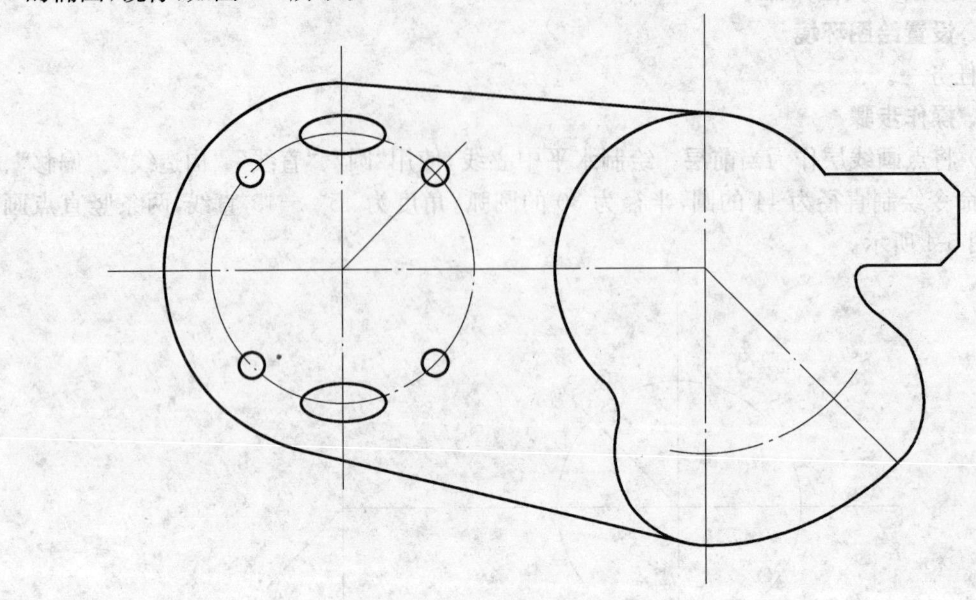

图 5-6 绘制椭圆和小圆

③ 绘制一个直径 10、两个半径为 3 的圆，将右边 $R3$ 的圆与直径 10 的圆进行 $R3$ 的圆角连接，再使用圆“相切、相切、半径”命令将两 $R3$ 的圆连接，通过修剪得如图 5-7 所示。

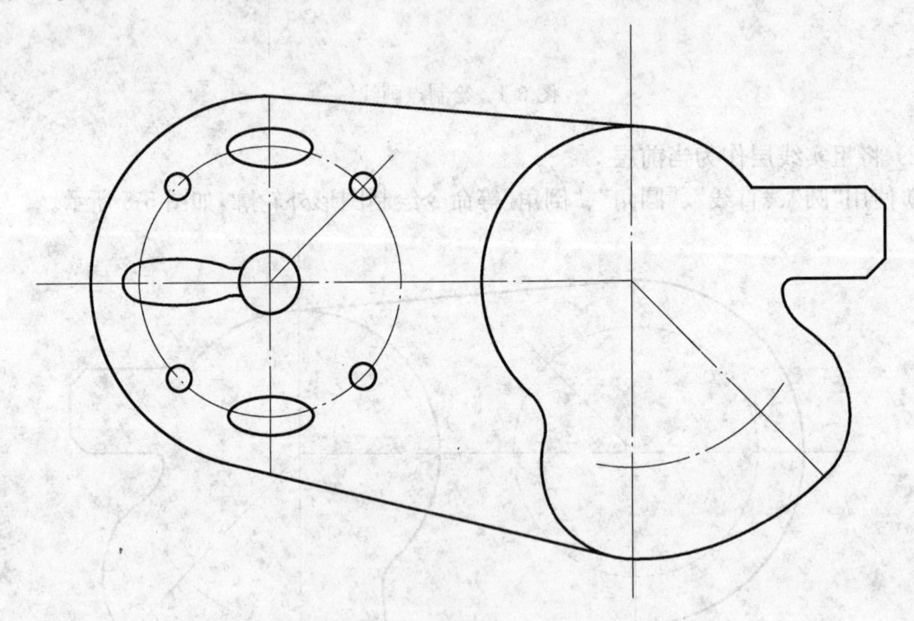

图 5-7 绘制手柄状图形

④ 绘制正六边形(内接圆，半径为 10)，并旋转 30°。绘制两个 $R6$ 和 $R24$、$R36$ 的圆，并使用修剪命令将两 $R6$ 圆连接，修剪得图 5-8 所示图形。

⑤ 绘制矩形，并填充图案，完成操作，如图 5-3 所示。

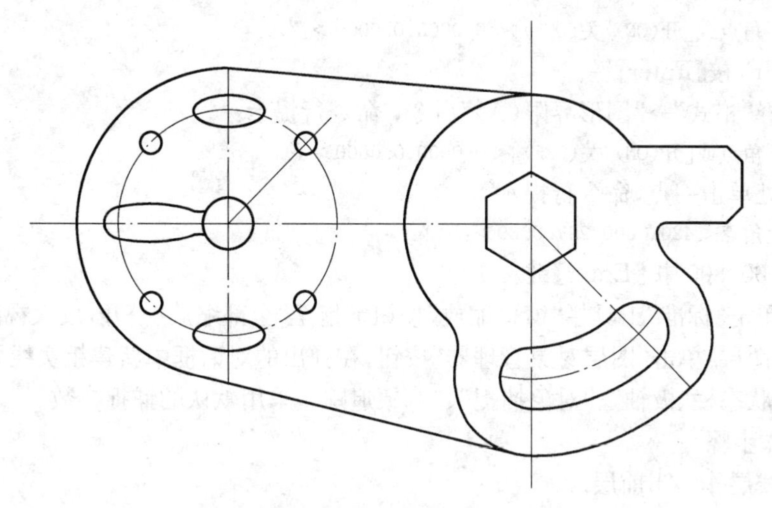

图 5-8　绘制正六边形及下方图形

任务三　燃气灶平面图绘制

燃气灶平面图由底板、支架、灶盘、灶芯、开关组成，如图 5-9 所示。主要使用矩形、直线、圆绘图命令及偏移、阵列、修剪等修改命令。

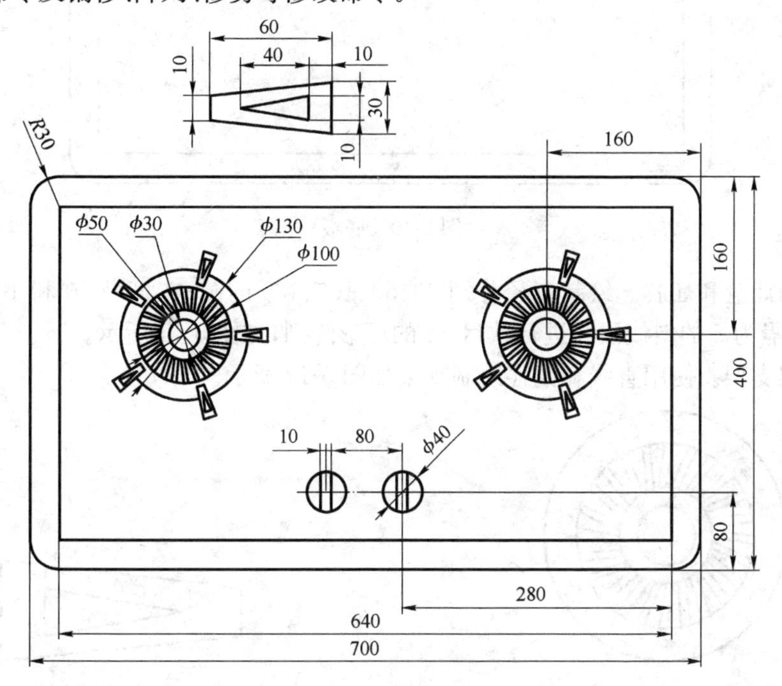

图 5-9　燃气灶平面图

一、设置绘图环境

① 新建图形文件：选择“文件”→“新建”命令，弹出“选择样板”对话框。在对话框中选择“acadiso. dwt”（无样板公制）样板文件，单击“打开”按钮。系统新建一个文件。

② 设置图形界限：选择“格式”→“图形界限(A)”命令，命令行提示：

“指定左下角点或[开(ON)/关(OFF)]＜0.0000,0.0000＞:”

输入 OFF,按【Enter】键。

重复选择“格式”→“图形界限(A)”命令，命令行提示：

“指定左下角点或[开(ON)/关(OFF)]＜0.0000,0.0000＞:”

在坐标处单击一点,命令行提示:

“指定右上角点＜420.0000,297.0000＞:”

输入“1000,800”按【Enter】键。

用鼠标单击“标准”工具栏“窗口缩放”按钮下拖至“全部缩放”松开,放大视图。

③ 设置图层:单击“图层对象管理器”按钮,在弹出的对话框中新建粗实线层。

④ 打开状态栏“极轴”、“对象捕捉”、“对象追踪”,采用默认的捕捉参数。

二、操作步骤

将粗实线层作为当前层。

① 绘制底板。绘制带圆角为30°、长为700、宽为400的矩形,并向内偏移30,如图5-10所示。

图 5-10 底板

② 绘制灶盘和灶芯。绘制直径分别30、50、100、130的圆;在直径50和100的圆之间绘制两条间隔为5的斜线段并进行数目24的环形阵列,如图5-11所示。

③ 绘制支架。使用直线和偏移绘制支架如图5-12所示。

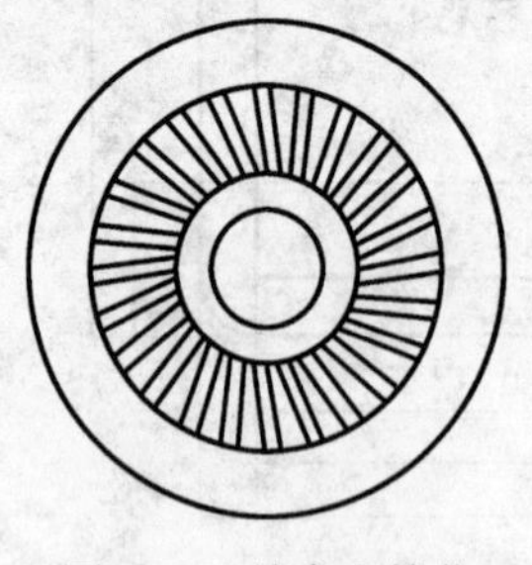

图 5-11 灶盘和灶芯

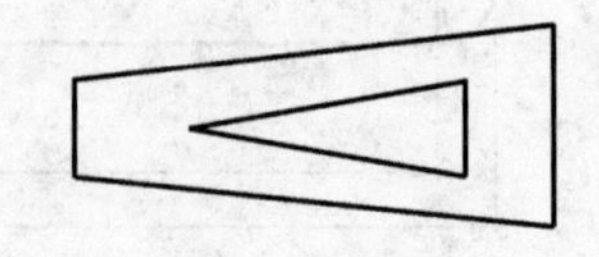

图 5-12 支架

④ 将支架移动至灶盘上并环形阵列,修剪得图5-13所示图形。

⑤ 绘制开关。绘制直径为40的圆,并绘制两条间隔10的直线,如图5-14所示。

⑥ 在底板上绘出开关、灶盘的定位线点。将开关、灶盘分别移动、复制到燃气灶底板上,如图5-9所示。

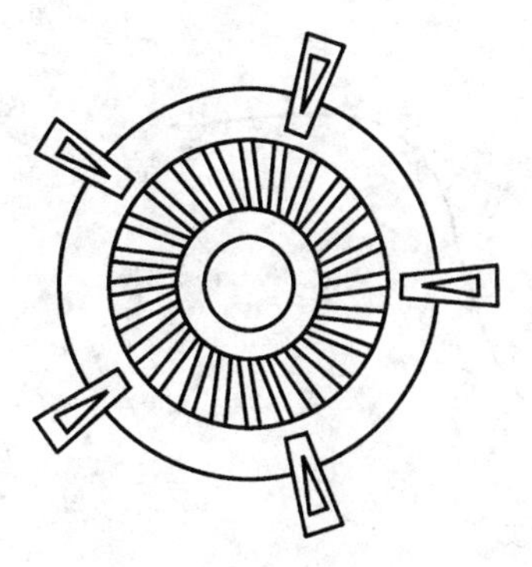

图 5-13　支架在灶盘上

图 5-14　开关

拓展：

一、圆环绘制

圆环是不同直径的同心圆所组成。

绘制图 5-15 所示圆环。

选择“绘图”→“圆环”命令，命令行提示、操作如下：

指定圆环的内径<0.5000>：　　//输入 200

指定圆环的外径<1.0000>：　　//输入 400

指定圆环的中心点或<退出>：　　//在绘图区单击一点，↙

绘制结果如图 5-15 所示。

图 5-15　圆环

二、样条曲线绘制

工程制图中常常用到样条曲线，如局部剖视图分界线、物体断开处曲线等。样条曲线是经过或接近一些指定点的光滑曲线，可以控制曲线与点的拟合程度，图 5-16 所示为根据给定点绘制样条曲线（选用“对象捕捉”中“节点”）。

单击“绘图”工具栏中按钮，命令行提示、操作如下：

指定第一个点或[对象(O)]：　　//单击起点

指定下一点：　　//单击下一个点

指定下一点或[闭合(C)/拟合公差(F)]<起点切向>　　//单击下一个点

重复操作　　// 单击端点，↙

指定起点切向：　　//↙

指定端点切向：　　//↙

绘制结果如图 5-16 所示。

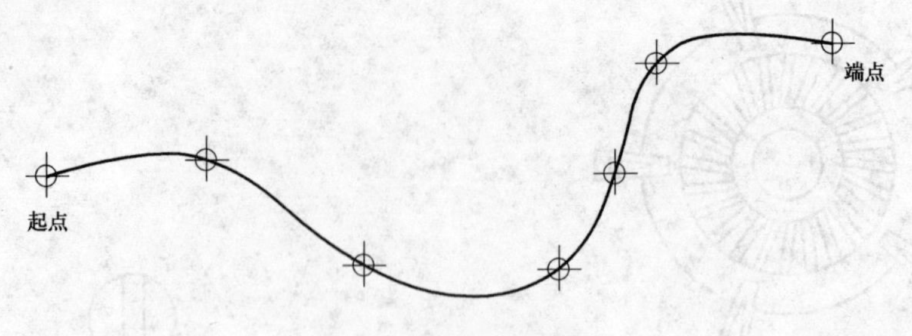

图 5-16　绘制样条曲线

三、渐变色填充步骤

① 绘制需填充的图形，如图 5-17(a)所示。

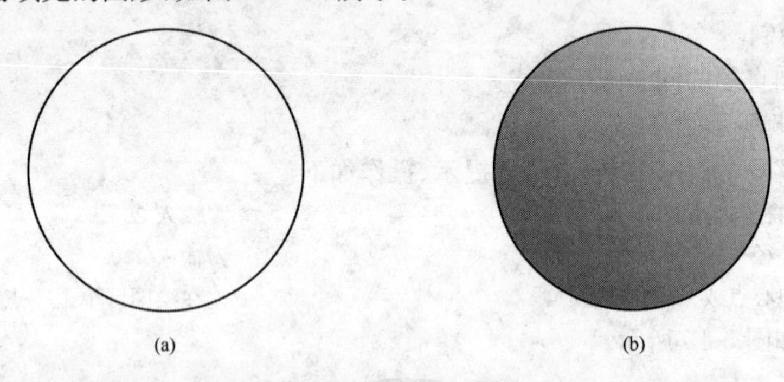

图 5-17　填充的图形

② 单击“绘图”工具栏中按钮，弹出“图案填充和渐变色”对话框，如图 5-18 所示。

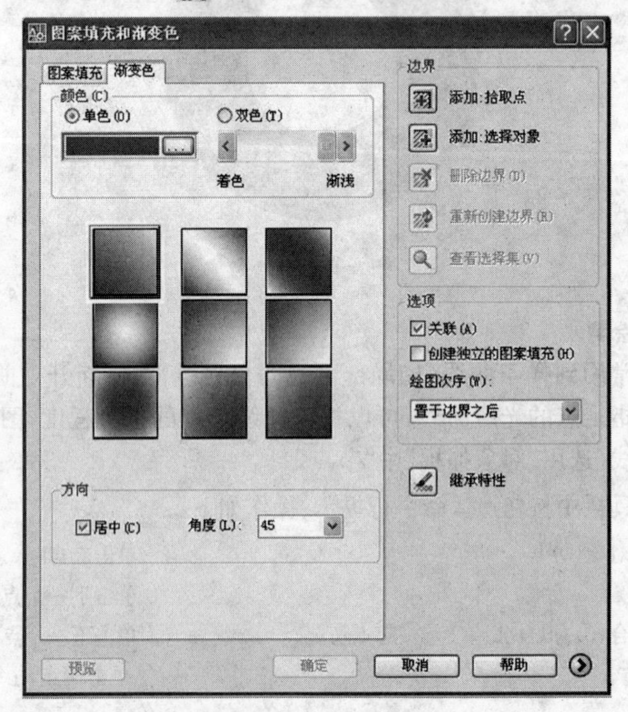

图 5-18　“渐变色”选项卡

③ 单击“颜色”右侧按钮[...]，弹出 “选择颜色”对话框，如图 5-19 所示。使用中间滑块调整颜色。单击“确定”按钮返回。

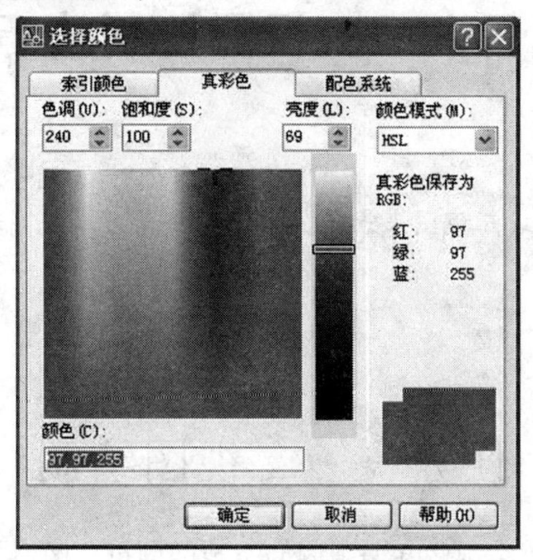

图 5-19　“选择颜色”对话框

④ 设置“方向”为“居中”，角度为 45°。

⑤ 单击“添加:拾取点”按钮，在图形区单击一下。

⑥ 单击“确定”按钮。绘制结果如图 5-17(b)所示。

默认“单色”，若选择“双色”选项，指定第二种颜色渐变填充亮显区域。

练　习

绘制图 5-20 所示图形。

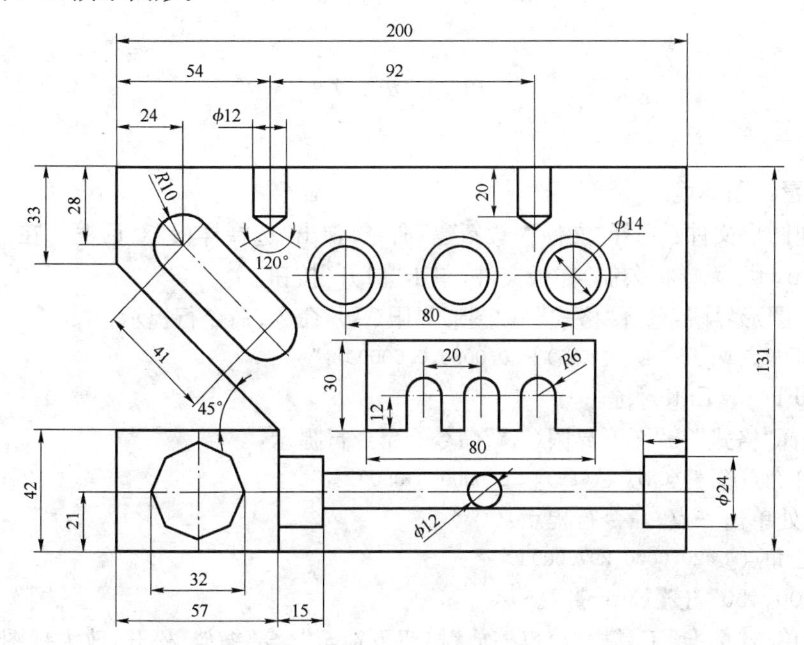

图 5-20　图例

项目六　多视图绘制技巧

• 项目引言

零件图一般用二视图或三视图来表示。本项目将学习二视图和三视图的绘制技巧。

• 学习目标

1. 掌握二视图绘制技巧。
2. 掌握三视图绘制技巧。

任务一　二视图绘制

一些简单的零件,只需主视图和俯视图两个视图即可。图 6-1 所示为车床卡盘后的法兰盘,适合用二视图来表达。

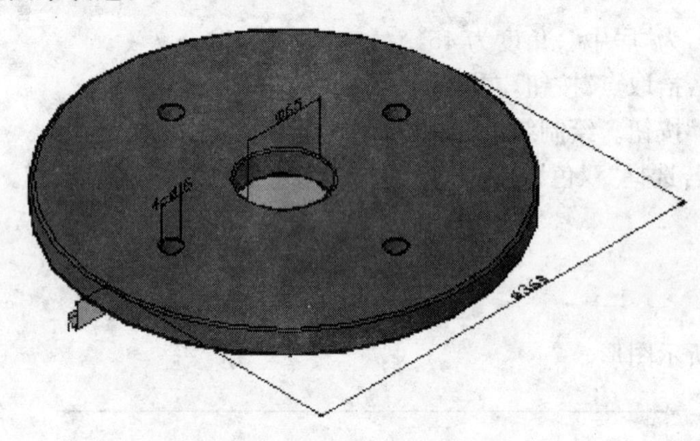

图 6-1　法兰盘

操作如下:

一、设置绘图环境

① 新建图形文件:选择“文件”→“新建”命令,弹出“选择样板”对话框。在对话框中选择“acadiso. dwt”(无样板公制)样板文件,单击“打开”按钮。

② 设置图形界限:选择“格式”→“图形界限(A)”命令,命令行提示:

“指定左下角点或[开(ON)/关(OFF)]<0.0000,0.0000>:”

输入 OFF,按【Enter】键。

重复选择“格式”→“图形界限(A)”命令，命令行提示:

“指定左下角点或[开(ON)/关(OFF)]<0.0000,0.0000>:”

在坐标处单击一点,命令行提示:

“指定右上角点<420.0000,297.0000>:”

输入“400,450”,按【Enter】键。

用鼠标单击“标准”工具栏“窗口缩放”按钮下拖至“全部缩放”松开,放大视图。

③ 设置图层:单击“图层对象管理器”按钮,在弹出的对话框中分别新建点画线层、粗实

线层、剖面线层。

④ 打开状态栏“极轴”、“对象捕捉”、“对象追踪”，采用默认的捕捉参数。

二、绘图步骤

（一）绘制主视图

① 将点画线层作为当前层。使用直线命令在绘图区分别绘制一条水平和一条竖直的中心线，使用圆命令绘制直径为 240 的圆，如图 6-2 所示。

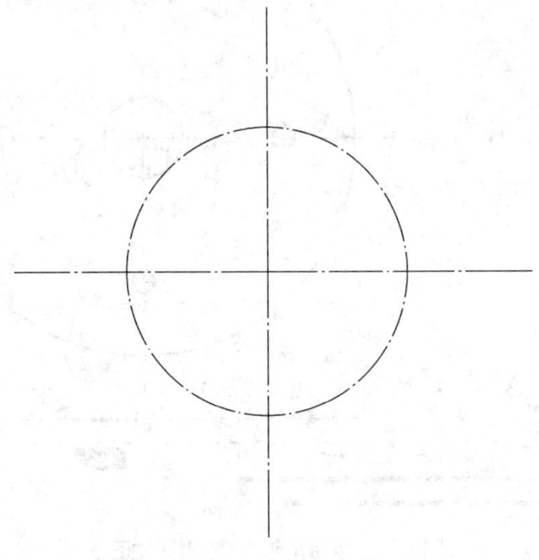

图 6-2　绘制点画线

② 将粗实线层作为当前层。使用圆命令绘制法兰盘外轮廓直径为 360 的圆及主轴孔直径为 65 的圆；以点画线绘制的圆与水平线交点为圆心，绘制一个螺钉孔直径为 16 的小圆。

③ 使用阵列命令，将直径 16 的小圆进行环形阵列。得到主视图如图 6-3 所示。

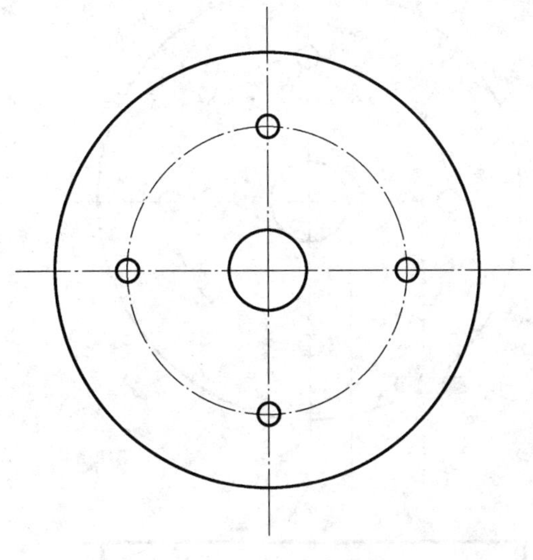

图 6-3　法兰盘主视图

（二）绘制俯视图

① 将粗实线层作为当前层。使用矩形命令，绘制一个长为 360、宽为 20 的矩形。主视

图和俯视图要长对正,因此我们使用移动命令移动该矩形,使之与主视图对正。具体操作是,使用移动命令,选择矩形上边中点拖动,靠近主视图竖直中心线并选择端点为捕捉点竖直下移至水平位置单击,如图 6-4 所示。

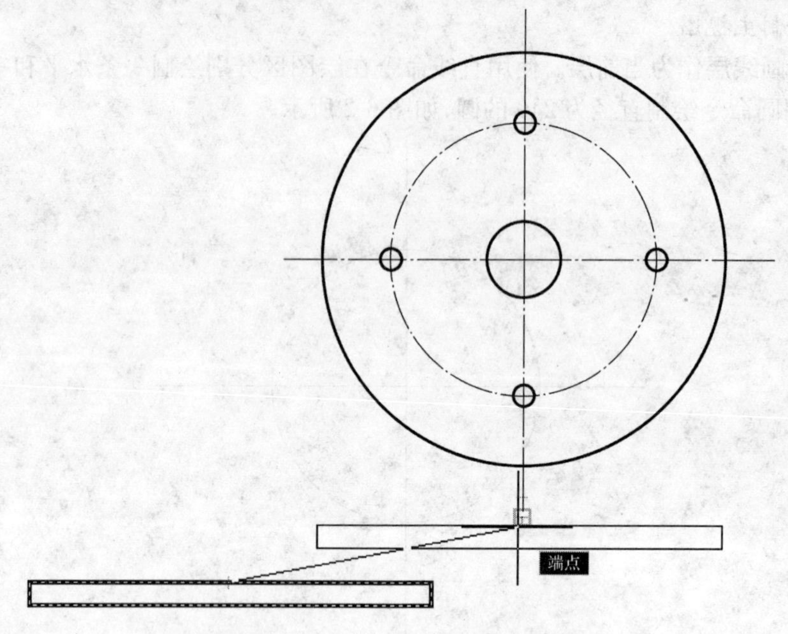

图 6-4　移动矩形与主视图对正

② 利用象限点、垂足捕捉绘制俯视图上孔的线段。单击主视图主轴孔左边象限点竖直下移光标至靠近俯视图矩形下边出现垂足显示时单击,连接垂足,如图 6-5 所示。同理操作,绘制出俯视图上其余孔的线段。用点画线绘制竖直中心线。

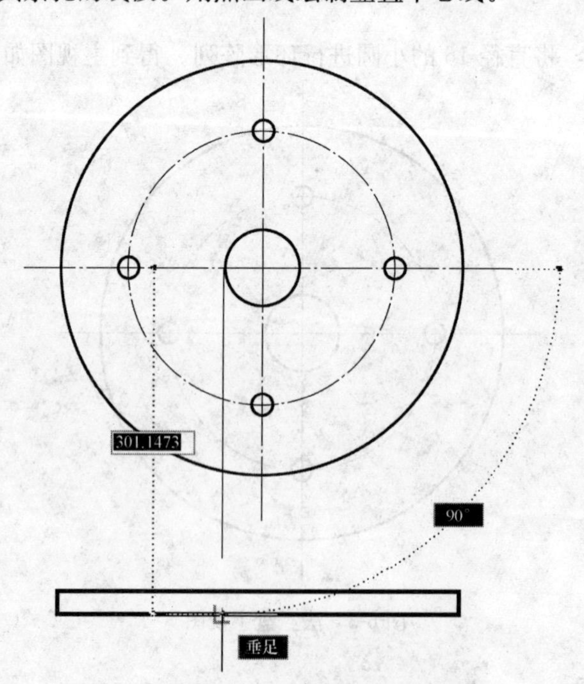

图 6-5　利用象限点、垂足绘制俯视图

③ 填充剖面线。在俯视图上填充图案 ANSI31，填充比例为 1.2。得到法兰盘的二视图如图 6-6 所示。

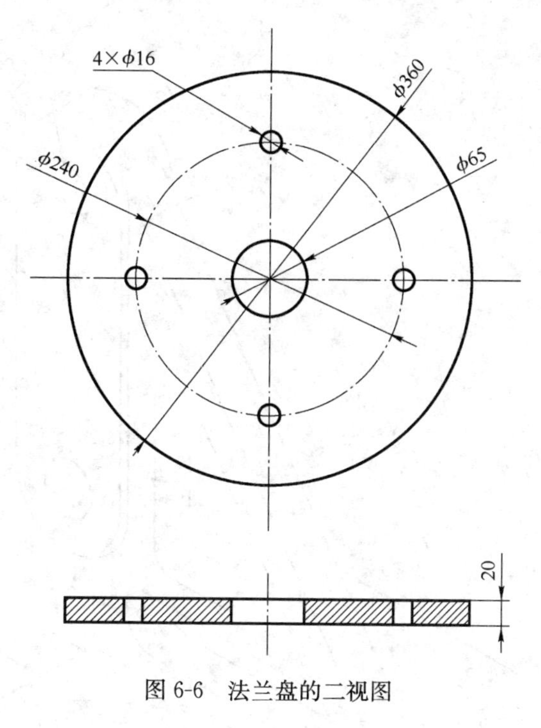

图 6-6　法兰盘的二视图

任务二　三视图绘制

图 6-7 所示的支架底板是长方体，上面叠加一个三角楔体，楔体上嵌入一个两端带圆头的长方体及两个异形槽。这个支架要用三视图来表示，采用主视图、左视图、俯视图三个视图表达该零件。我们选择结构相对复杂的正对异形槽的视角做主视图。未注明倒角 $R3$～5。操作如下：

一、设置绘图环境

① 新建图形文件：选择"文件"→"新建"命令，弹出"选择样板"对话框。在对话框中选择"acadiso.dwt"（无样板公制）样板文件，单击"打开"按钮。

② 设置图形界限：选择"格式"→"图形界限(A)"命令，命令行提示：

"指定左下角点或[开(ON)/关(OFF)]<0.0000,0.0000>："

输入 OFF，按【Enter】键。

重复选择"格式"→"图形界限(A)"命令，命令行提示：

"指定左下角点或[开(ON)/关(OFF)]<0.0000,0.0000>："

在坐标处单击一点，命令行提示：

"指定右上角点<420.0000,297.0000>："

直接按【Enter】键。

用鼠标单击"标准"工具栏"窗口缩放"按钮下拖至"全部缩放"松开，放大视图。

③ 设置图层：单击"图层对象管理器"按钮，在弹出的对话框中分别新建点画线层、粗实线层、虚线层。

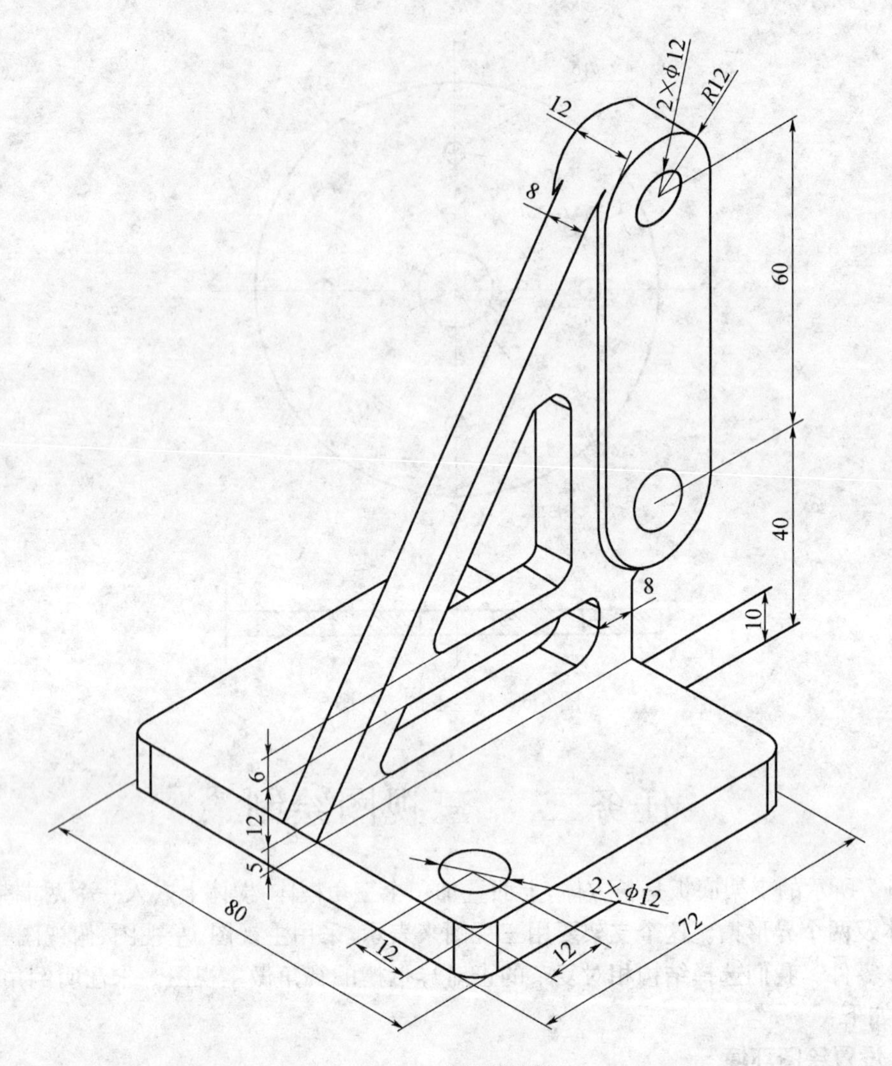

图 6-7　支架轴测图

④ 打开状态栏“极轴”、“对象捕捉”、“对象追踪”，采用默认的捕捉参数。

二、绘图步骤

（一）绘制三视图的基准线及辅助线

该图的基准线主要有主视图下端面的投影线，左视图和俯视图的中心对称线以及主视图中两个直径为 10 的圆心的连线。为保证“三等”关系，画一条 45°方向的保证宽相等的辅助线，如图 6-8 所示。

（二）绘制主视图

① 绘制底板。底板是长方体，在主视图上是矩形。利用三等关系，把底板在三个视图上的投影都绘制出来。

② 绘制主视图上的孔。利用辅助线和基准线偏移，确定孔的位置，绘制孔以及与之同心的圆弧轮廓投影，利用相切关系绘制支架主视图的外轮廓。

③ 绘制异形槽。异形槽的绘制主要使用偏移命令，然后进行圆角的绘制，如图 6-9 所示。

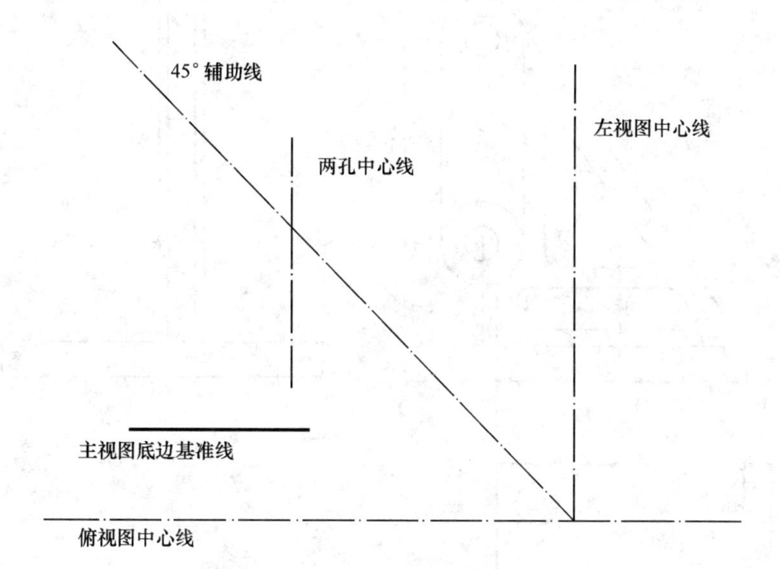

图 6-8　绘制基准线和辅助线

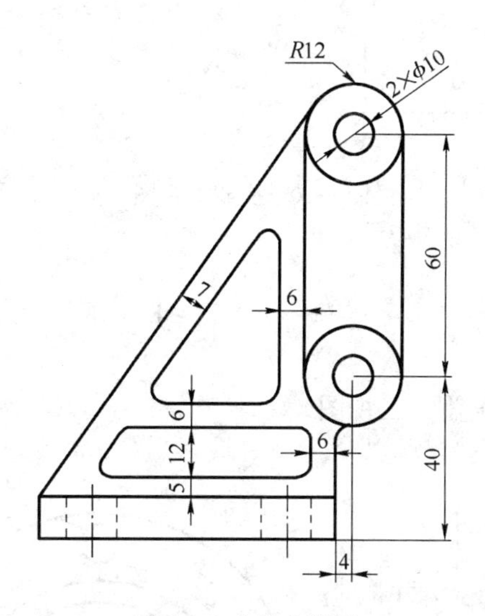

图 6-9　支架主视图

（三）绘制左视图和俯视图

利用长对正、高平齐绘制左视图和俯视图。

(1) 利用三等关系，先把底板在俯视图和左视图上的投影都绘制出来。

(2) 绘制两头带圆柱的长方体在俯视图和左视图上的投影。

(3) 绘制三角楔体在俯视图和左视图上的投影。

(4) 补画异形槽和孔在俯视图和左视图上的投影，如图 6-10 所示。

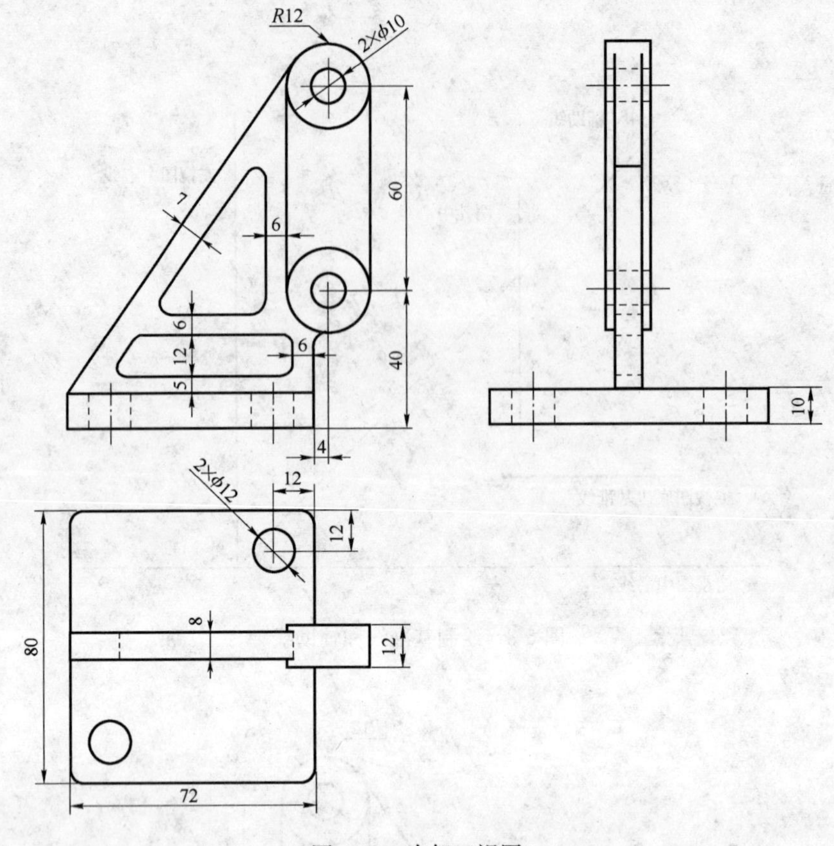

图 6-10　支架三视图

练　　习

绘制图 6-11 所示轴承压盖的二视图。

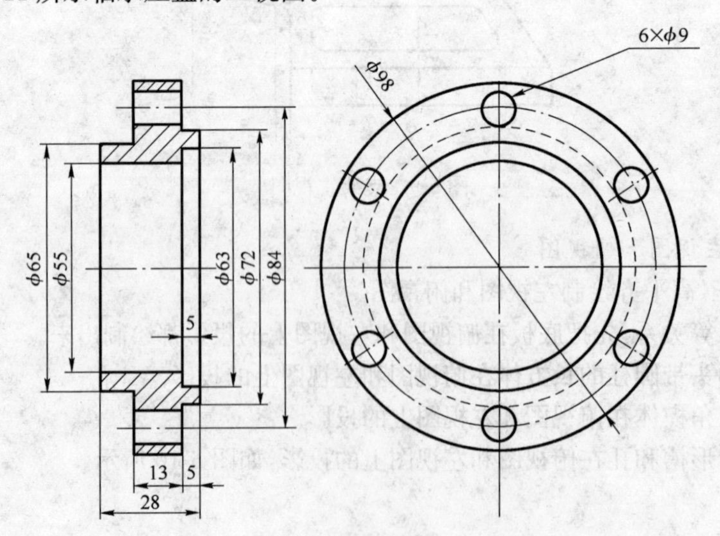

图 6-11　轴承压盖二视图

项目七　文字与表格

• 项目引言

一张工程图样包括图形、尺寸标注、技术要求及标题栏。技术要求和标题栏需要注释文本及创建表格。

• 学习目标

1. 掌握文本注释方法。
2. 掌握文字编辑方法。
3. 了解表格的创建与编辑。

任务一　文字样式设置

文字样式包括文字的“样式名”、“字体”、“效果”等。

一、常用命令方式

① 菜单栏：选择“格式”→“文字样式”命令。

② 工具栏：单击“文字”工具栏中按钮。

执行命令后，弹出图 7-1 所示“文字样式”对话框。

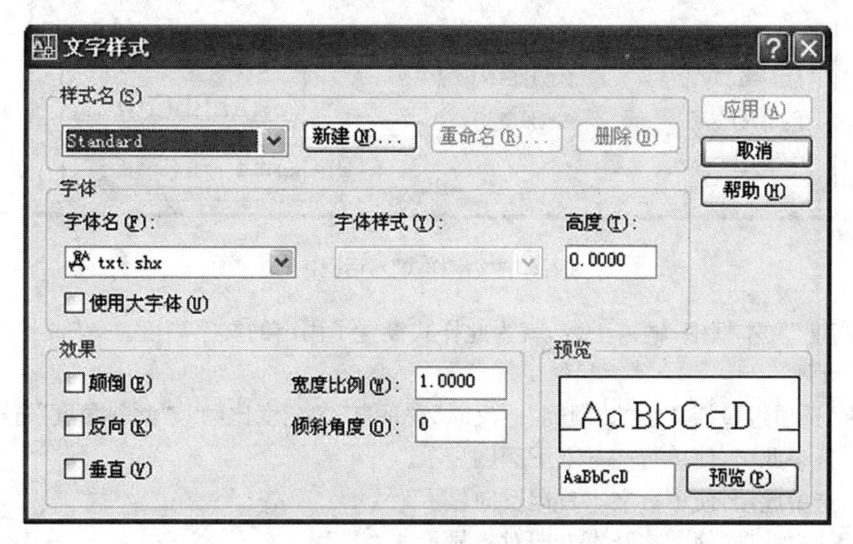

图 7-1　“文字样式”对话框

二、常用选项说明和设置

（一）样式名

“样式名”文本框中显示文字样式名称，此选项组包括“新建”、“重命名”、“删除”按钮。

单击“新建”按钮，弹出图 7-2 所示“新建文字样式”对话框，输入新样式名，单击“确定”按钮，创建新文字样式，并显示在列表中。

单击“重命名”按钮，弹出图 7-3 所示“重命名文字样式”对话框，输入新名称，单击“确定”按钮。

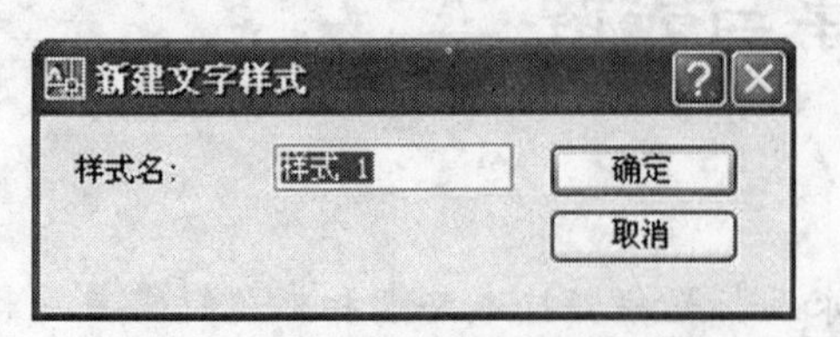

图 7-2 “新建文字样式”对话框

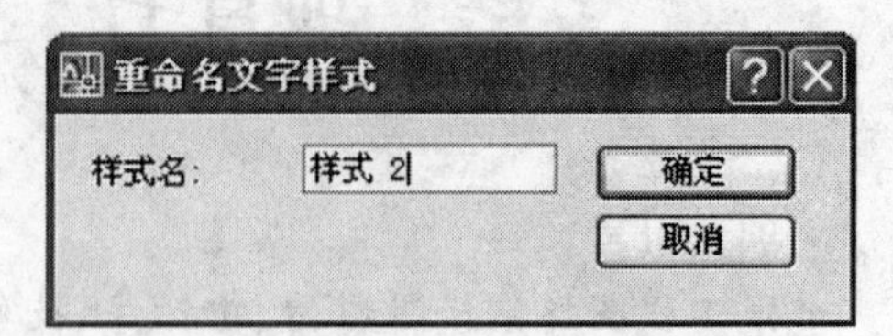

图 7-3 “重命名文字样式”对话框

单击“删除”按钮，则删除当前设置的样式。

（二）字体

“字体”选项组包括文字的字体和高度，在下拉列表框中选择需要的字体名称，如图 7- 4 所示。

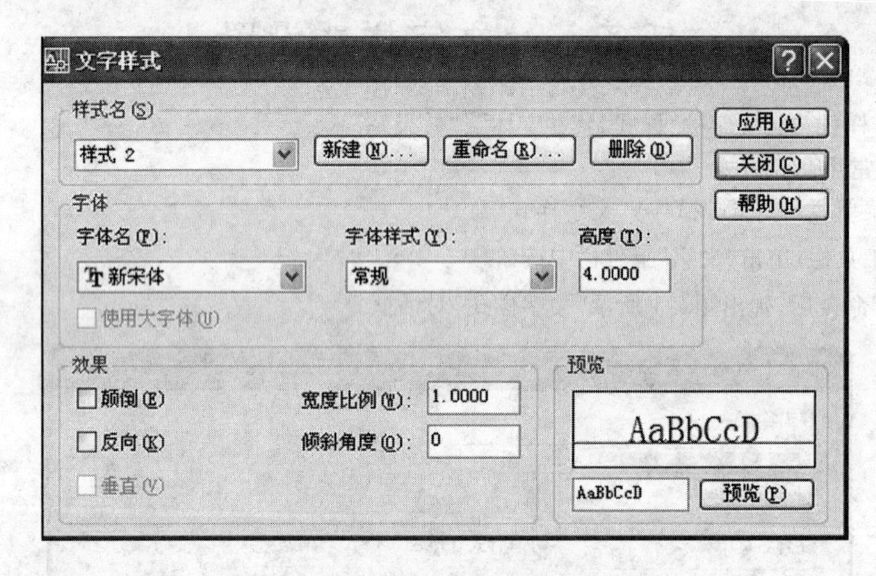

图 7-4 “文字样式”对话框(一)

在“高度”文本框中，输入正数，就为此样式设置了固定的文字高度。

（三）效果

“效果”选项组包括文字的“颠倒”、“反向”、“垂直”、“宽度比例”、“倾斜角度”选项。

颠倒：选中此项，使单行文本上下颠倒显示。

反向：选中此项，使单行文本首尾反向显示。

垂直：选中此项，使文本竖直方向对齐显示。

宽度比例：文本框中默认数值是 1，输入小于 1 的数值，文本变窄，输入大于 1 的数值，文本变宽。

倾斜角度：输入文本的倾斜角度，正值向右倾斜，负值向左倾斜。“效果”选项中选任一项，在对话框右下角的“预览”区域，可以观察文字样式的效果。

“文字样式”设置好后，先单击“应用”按钮，再关闭对话框。

任务二　文本输入与编辑

本任务介绍书写文字和特殊字符的方式。

一、单行文本注释

(一) 常用命令方式

① 菜单栏:选择“绘图”→“文字”→“单行文字”命令。

② 工具栏:单击“文字”工具栏中按钮。

(二) 常用命令选项说明

① 文字的起点:指定文字起始点位置。

② 对正:指定文字对齐方式。执行命令后,命令行出现十四种对齐方式。(对齐(A)/调整(F)/中心(C)/中间(M)/右(R)/左上(TL)/中上(TC)/右上(TR)/左中(ML)/正中(MC)/右中(MR)/左下(BL)/中下(BC)/右下(BR))。“左下”对齐是默认选项。是按英文写作习惯区分的。常用对齐方式有左上、对齐、调整。

左上:文本与第一个字左上角对齐。

对齐:指定文本的起点和终点。系统自动调整文本高度。

调整:指定文本的起点和终点。字高由设置的值确定

③ 样式:指定设置的文字样式。

(三)演示操作步骤

① 选择“格式”→“文字样式”命令。

执行命令后,弹出“文字样式”对话框,设置字体为宋体,字高为4,宽度比例为0.7,如图7-5所示。

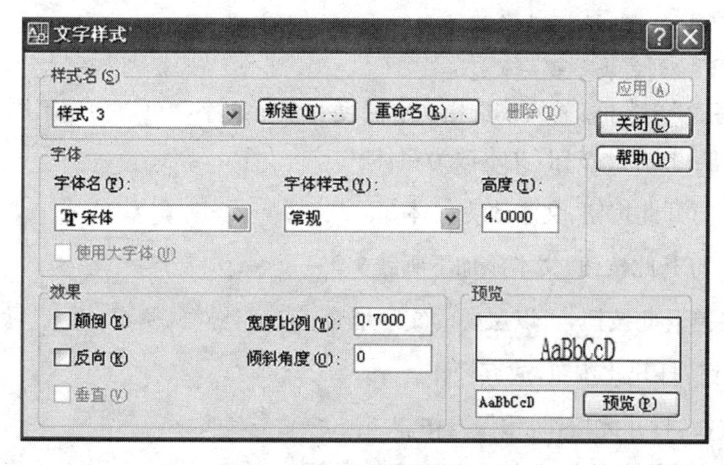

图7-5　“文字样式”对话框(二)

② 选择“绘图”→“文字”→“单行文字”命令,命令行提示、操作如下:

指定文字的起点或[对正(J)]/样式(S)]:　　　　//在绘图区单击一点

指定文字的旋转角度＜0＞:　　　　//↙

输入文字内容“我喜欢AUTOCAD这门课”,按两次【Enter】键。得单行文本,如图7-6所示。

我喜欢 AUTOCAD 这门课

图 7-6 输入单行文字结果

二、多行文本注释

多行文本注释功能比单行强大，用于输入文字较多的情况。每段文字相当于一个图形对象可以编辑。

(一) 常用命令方式

① 选择“绘图”→“文字”→“多行文字”命令。

② 工具栏：单击“文字”工具栏中按钮 A。

(二) 命令及工具栏选项说明

执行多行文字命令后，在绘图区单击一点。命令行出现命令选项。

(1) 命令选项说明如下：

① 指定对角点：指定第一点后，按住鼠标左键拉出一矩形单击。

② 高度：给定文字高度。

③ 对正：选择文本对齐方式(同单行文本)。

④ 行距：给定文本行间距。

⑤ 旋转：给定文本行的倾斜角度值。

⑥ 样式：选择一种文字样式。

⑦ 宽度：给定文本行的宽度。

指定对角点后，打开“文字格式”工具栏和文字输入框。

(2) “文字格式”工具栏说明如下：

① “样式”下拉列表：选择已设置的多行文字的文字样式。

② “字体”下拉列表：选择字体。

③ “文字高度”文本框：输入或选择文字高度。多行文字中可以使用不同文字高度。

④ **B** 按钮：打开此按钮，文本改为粗体。

⑤ *I* 按钮：打开此按钮，文本改为斜体。

⑥ U 按钮：打开此按钮，文本添加下画线。

⑦ 按钮：打开此按钮，可以层叠的文字堆叠。

⑧ 按钮：打开此按钮，放弃操作。

⑨ 按钮：打开此按钮，重做操作。

⑩ “文字颜色”下拉列表：为输入的文字选择颜色。

⑪ 按钮：打开此按钮，打开文字输入框上部的标尺。

⑫ 按钮：文字对齐的三种方式。依次为左对齐、居中对齐、右对齐。

⑬ 按钮：段落对齐三种方式。依次为上对齐、中央对齐、下对齐。

⑭ 按钮：依次为段落文字添加数字编号、项目符号、大写字母编号。

⑮ O 按钮：打开此按钮，文本添加上画线。

⑯ 按钮：打开此按钮，弹出“字段”对话框，选择插入到文字中的字段。

⑰ 按钮：打开此按钮，依次全部大写、全部小写

⑱ 按钮：单击此按钮，显示常用符号菜单。

⑲“倾斜角度”文本框：输入角度值。正值右倾，负值左倾。

⑳“追踪”文本框：输入大于 1 的值，增大字符间距；小于 1 的值，缩小字符间距。

㉑“宽度比例”文本框：输入大于 1 的值，文本变宽；输入小于 1 的值，文本变窄。

㉒ 按钮：打开此按钮，对“文字格式”工具栏进行编辑。

(3) 演示操作步骤如下：

① 设置文字样式。

② 选择“绘图”→“文字”→“多行文字” 命令，命令行提示、操作如下：

指定第一角点：　　　　　　　　　　　　　　　　//在绘图区单击点 A

指定对角点或[高度(H)/对正(J)/行距(L)/旋转(R)/样式(S)/宽度(W)]：

　　　　　　　　　　　　　　　　　　　　　　　//按住鼠标左键拖出一个矩形单击点 B

打开“文字格式”工具栏和文字输入框，如图 7-7 所示。

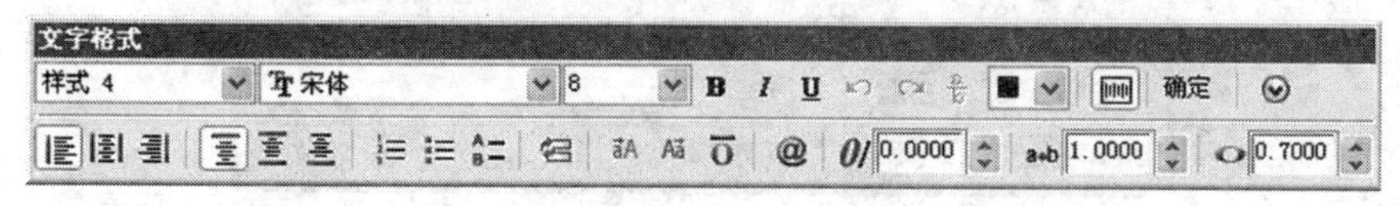

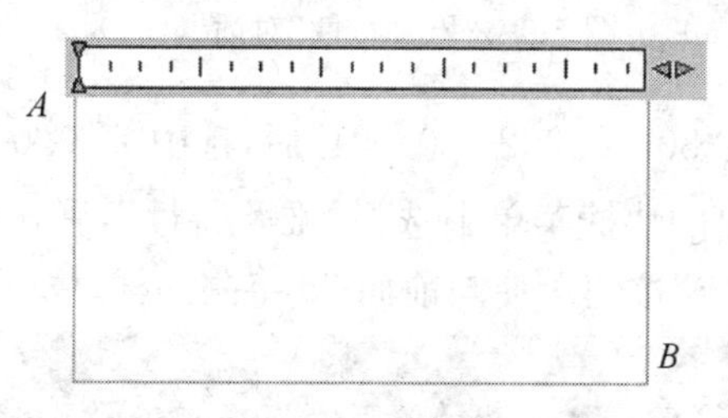

图 7-7　在位文字编辑器对话框

③ 在文字输入框输入文字和特殊符号，并添加数字编号。单击“确定”按钮，得图 7-8 所示的图形。

技术要求

1. 钢板厚度 $\delta \geqslant 6$ mm。
2. 隔板根部切角为 20×20 mm。

图 7-8　输入多行文字结果

三、特殊字符注释

在绘图过程中，文本注释有时要输入键盘上没有的特殊符号。分几种情况：

(一) 直接输入字符

例如：45°、ϕ60、40±0.015 其中“°”、“ϕ”、“±”只要在英文输入法下分别输入字符“%%d”、“%%c”、“%%p”即可。

（二）利用多行文字的“文字格式”工具栏“堆叠”按钮。

例如：

$\phi70^{\frac{H6}{f6}}$、$80^{-0.002}_{-0.001}$、$\frac{1}{5}$。

① 在多行文字中输入“%%c70H6/f6”后，选中“H6/f6”，单击按钮，再选中$\frac{H6}{f6}$后右击，在弹出的快捷菜单中选择“堆叠特性”命令，弹出对话框如图 7-9 所示。选择样式、位置、大小，单击“确定”按钮。使其与前面 70 字高一样。

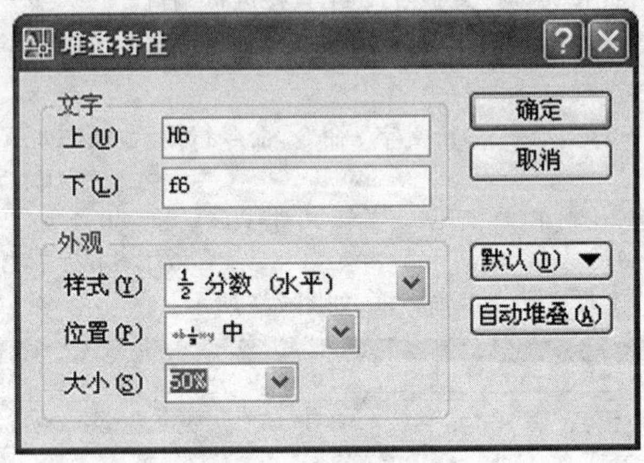

图 7-9 “堆叠特性”对话框（一）

② 在多行文字中输入“80－0.002^－0.001”后，选中“－0.002^－0.001”，单击按钮，再选中$^{-0.002}_{-0.001}$后右击，在弹出的快捷菜单中选择“堆叠特性”，弹出图 7-10 所示对话框。选择样式、位置、大小，单击“确定”按钮。使与前面 80 字高一样。

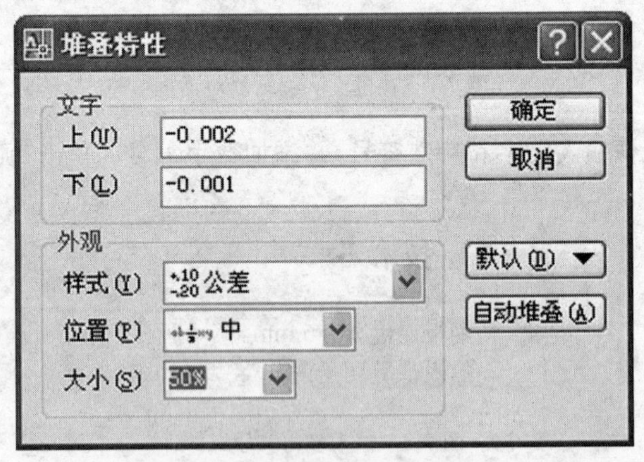

图 7-10 “堆叠特性”对话框（二）

③ 在多行文字中输入“1/5”并选中后，单击按钮，确定即可。

④ 利用“字符映射表”。在多行文字的“文字格式”工具栏中单击@按钮，在显示的菜单中选择“其他”选项，弹出图 7-11 所示“字符映射表”对话框，选择需要的符号，单击“选择”按钮，选择的符号显示在“复制字符”文本框中，单击“复制”按钮，返回文字输入框粘贴即可。

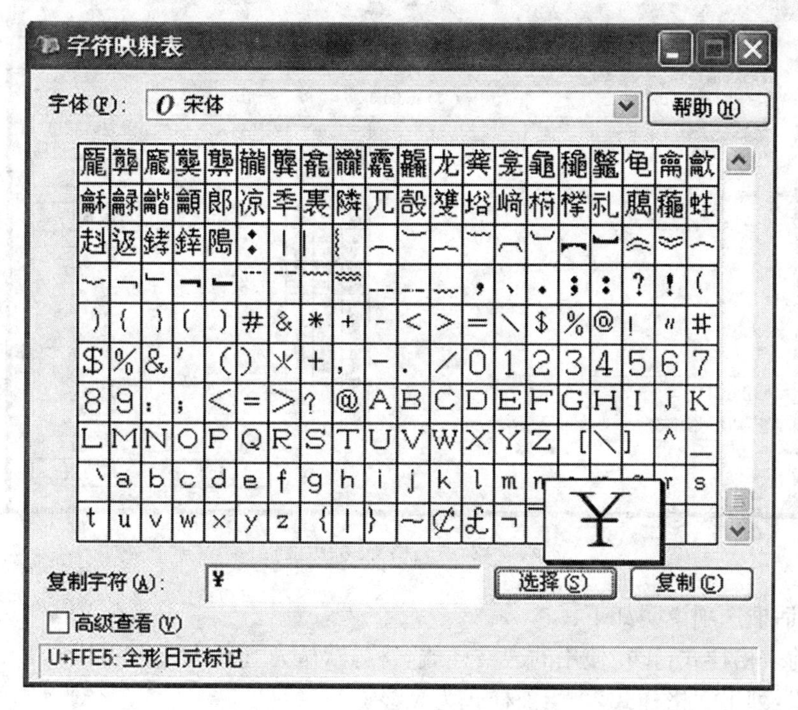

图 7-11　“字符映射表”对话框

四、文本编辑

（一）利用“对象特性”选项板修改文本

如同图形对象一样，先选择文本，再单击标准工具栏中“对象特性”按钮，打开选项板。需要修改的内容直接在选项板中进行。

（二）利用菜单栏命令修改文本

在菜单栏中选择“修改”→“对象”→“文字”命令后，选择文本，进行修改即可。

（三）多行文本的修改

多行文字的修改也可在“文字格式”工具栏中进行。如修改文字样式字体、字高、粗体、斜体、颜色、上/下画线文字等。

任务三　表格的创建与编辑

AutoCAD 2007 提供了表格功能。可以在图纸中创建表格，并对其加以编辑修改，以及在单元中添加内容。

一、表格的创建

在创建表格前，必须创建表格样式。

（一）创建表格样式

(1) 常用命令方式如下：

① 菜单栏：选择“格式”→“表格样式”命令。

② 工具栏：单击“样式”工具栏中按钮。

执行命令后，弹出图 7-12 所示“表格样式”对话框。

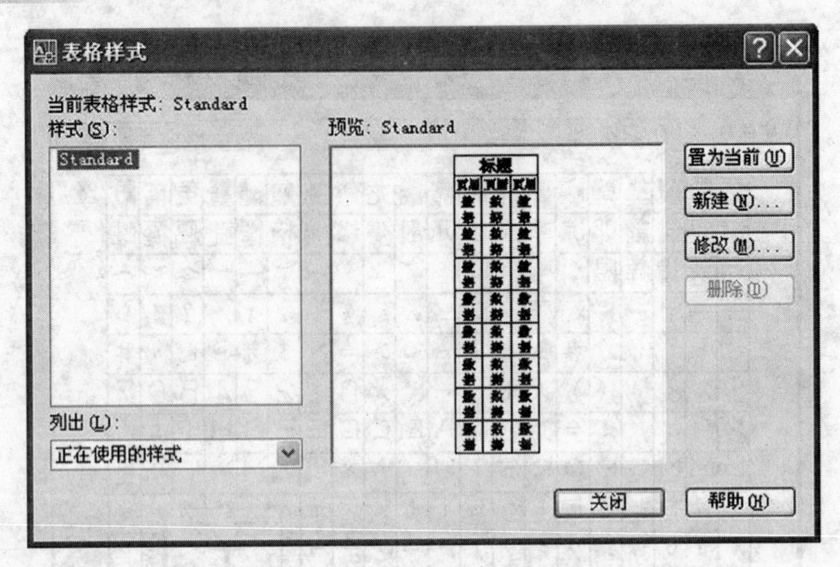

图 7-12 “表格样式”对话框

(2) 对话框选项说明如下:

① 当前表格样式:正在使用的表格样式名称,默认为 Standard。

② 样式:列出表格样式表,当前样式为亮显。

③ 列出:设置的样式列表方式。

④ 预览:显示选定样式的预览图像。

⑤ 置为当前:将选定的样式设置为当前样式。

⑥ 新建:创建“新建表格样式”对话框,定义新的表格样式。

⑦ 修改:显示“修改表格样式”对话框,修改表格样式。

⑧ 删除:删除“样式”列表中选择的表格样式。不可删除正在使用的和系统默认的 Standard 样式。

(3) 演示操作步骤:在“表格样式”对话框中单击“新建”按钮。弹出图 7-13 所示“创建新的表格样式”对话框。输入名称后,单击“继续”按钮,弹出图 7-14 所示“新建表格样式”对话框。

图 7-13 “创建新的表格样式”对话框

在“新建表格样式”对话框中,对各选项分别设置。在“列标题”、“标题”选项卡中,不选择“包含页眉行”及“包含标题行”。单击“确定”按钮。

(二) 创建表格

(1) 常用命令方式如下:

① 菜单栏:选择“绘图”→“表格”命令。

新建表格样式：副本 (2) Standard
数据　列标题　标题
单元特性
用于所有数据行：
文字样式(S)：样式 1
文字高度(E)：8
文字颜色(C)：ByBlock
填充颜色(F)：无
对齐(A)：中上
格式(O)：常规
边框特性
栅格线宽(L)：ByBlock
栅格颜色(G)：ByBlock
基本
表格方向(D)：下
单元边距
水平(Z)：1.5
垂直(V)：1.5
确定　取消　帮助(H)

图 7-14　“新建表格样式”对话框

② 工具栏：单击“绘图”工具栏中的按钮。

执行命令后，弹出图 7-15 所示“插入表格”对话框。

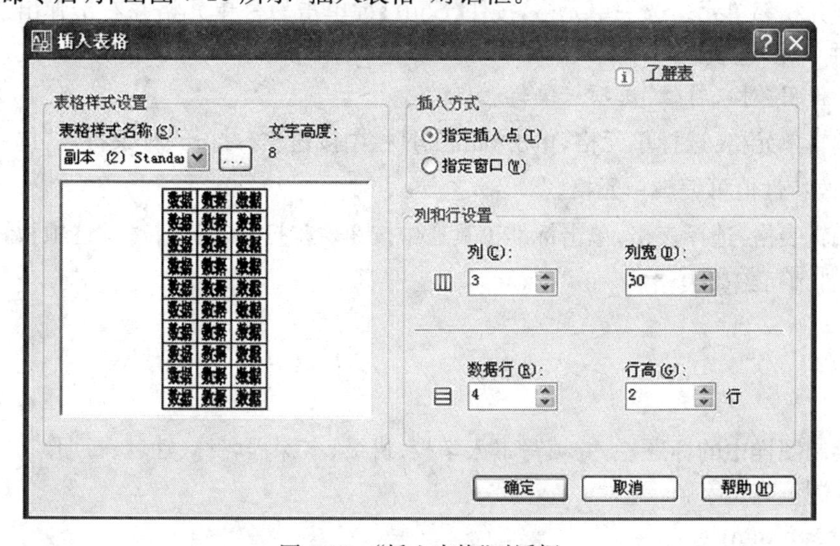

图 7-15　“插入表格”对话框

（2）对话框选项说明如下：

① 表格样式设置：选择创建好的表格样式。

② 插入方式：在绘图区单击一点插入表格，也可以选择“指定窗口”在绘图区创建表格。

③ 列和行设置：输入各数值，调整表格大小。

（3）演示操作步骤：执行创建表格命令后，在图 7-15 所示对话框中设置好各选项，单击“确定”按钮，如图 7-16 所示。

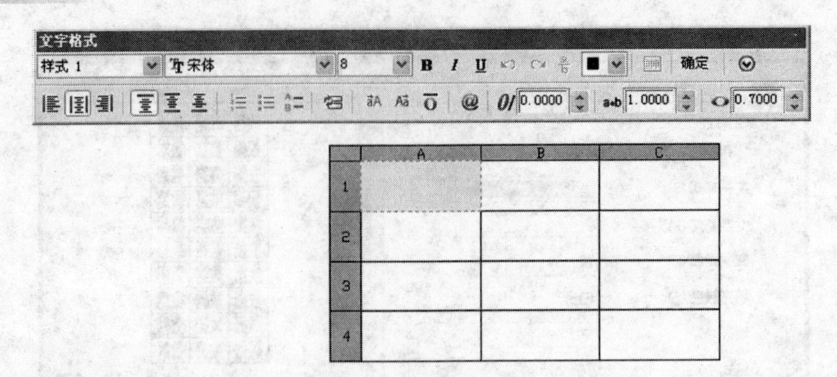

图 7-16　设置结果

(4) 添加内容：插入表格后，默认第 1 行第 1 列处于编辑状态，输入相应的文字或数据，第 1 列输完后，双击第 2 列第 1 行，使之处于编辑状态。

二、表格的编辑

(一) 使用夹点编辑表格

① 选中要编辑的单元格并右击，弹出快捷菜单，选中其中任一项可进行编辑，如插入或删除行或列。

② 改变行高或列宽。选中要编辑的单元格，单元格边框的中央出现夹点。上、下或左、右拖动夹点可改变行高或列宽。

③ 合并相邻单元。选一单元格，按住【Shift】键单击另一单元格并右击弹出快捷菜单，选择“合并单元”选项。

(二) 使用“对象特性”选项板编辑表格

① 编辑单元格：选择单元格，单击标准工具栏中按钮，打开“对象特性”选项板，在选项板中修改特性值可编辑单元格。

② 编辑表格：选择表格，单击标准工具栏中按钮，打开“对象特性”选项板，在选项板中修改特性值可编辑表格。

练　　习

1. 绘制图样中的标题栏，并填写本人学校、班级、本课程名称、姓名、日期。

2. 绘制下列文字：

(1) $\delta \geqslant 5$ mm；

(2) $\phi 45$；

(3) 35 ± 0.011；

(4) $0.004 \sim 0.012$；

(5) $\frac{1}{3}$；

(6) $30°$；

(7) $\phi 60 \frac{H6}{f6}$；

(8) $70^{-0.002}_{-0.001}$。

项目八　尺寸标注

• **项目引言**

尺寸标注是图样的组成部分，它反映实体各部分大小和位置关系。更是实际生产的重要依据。本项目主要介绍尺寸标注方法。

• **学习目标**

1. 掌握尺寸标注样式设置。
2. 掌握常见尺寸标注。
3. 熟悉公差标注。
4. 了解尺寸标注编辑。

任务一　尺寸标注样式设置

为方便管理，尺寸标注应放在单独的图层里。尺寸由尺寸线、尺寸界限、箭头、尺寸数字组成，在标注尺寸之前要对标注样式进行设置。

一、标注样式管理

(一) 常用命令方式

① 菜单栏：选择“格式”→“标注样式”命令。

② 工具栏：单击“标注”工具栏中按钮。

执行命令后，弹出图8-1所示“标注样式管理器”对话框。

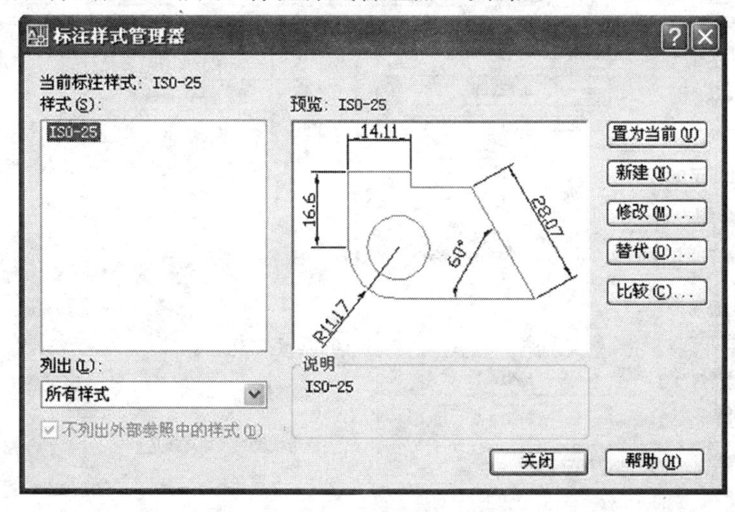

图8-1　“标注样式管理器”对话框

(二) 对话框常用选项说明

① 当前标注样式：显示当前标注样式名称。AutoCAD 2007可以定义多种标注样式并命名。标注时指定一种样式作为当前样式。

② 样式:列出所有设置的标注样式名。

③ 列出:在列表中控制样式显示。

④ 预览:显示“样式”列表中选中样式的图示。

⑤ “置为当前”按钮：将在“样式”下选中的标注样式设置为当前标注样式。

⑥ “新建”按钮:单击此按钮,弹出“创建新标注样式”对话框,设置新标注样式。

⑦ “修改”按钮:单击此按钮,弹出“修改标注样式”对话框,与“新建标注样式”对话框选项相同。

二、设置尺寸标注样式

(一) 设置标注样式步骤

① 建一个新图层,命名为“尺寸标注”。

② 选择“格式”→“标注样式”选项,在弹出的“标注样式管理器”对话框里单击“新建”按钮,弹出图 8-2 所示的“创建新标注样式”对话框。在“新样式名”文本框中输入名称。单击“继续”按钮,弹出图 8-3 所示“新建标注样式”对话框,它有 7 个不同的选项卡。

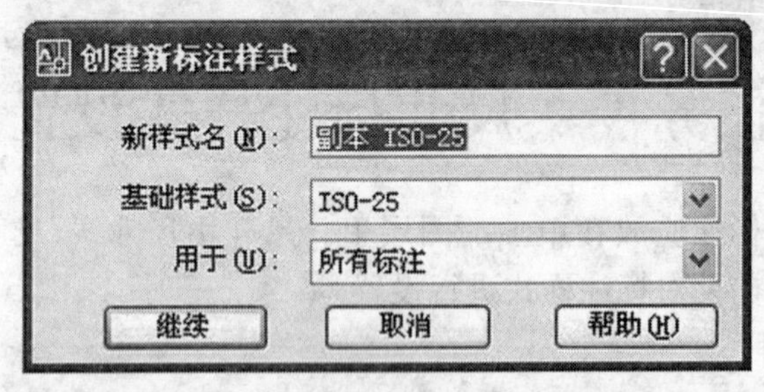

图 8-2 “创建新标注样式”对话框

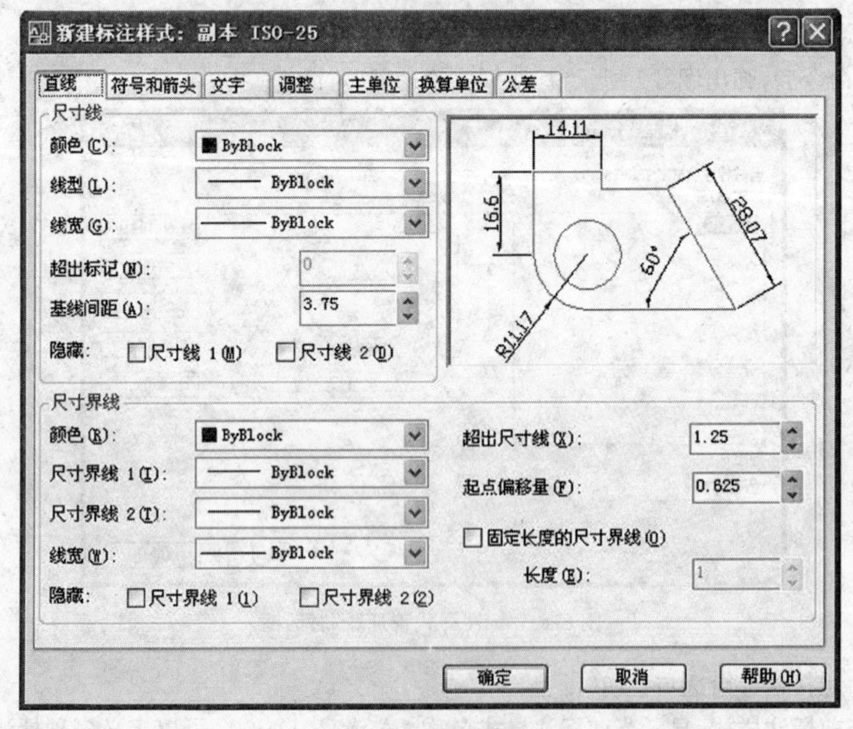

图 8-3 “直线”选项卡

（二）“新建标注样式”对话框常用选项说明

（1）“直线”选项卡：“直线”选项卡用于设置尺寸线、尺寸界限等的特性，如图 8-3 所示。

① “尺寸线”选项组：用于设置尺寸线的特性。包括尺寸线颜色、线型、线宽；“超出标记”是设置当箭头用倾斜、建筑标记和无标记时尺寸线超过尺寸界线的距离；“基线间距”是设置基线标注的尺寸线间距；“隐藏”是设置是否显示尺寸线。

② “尺寸界线”选项组：用于设置尺寸界线外观。“超出尺寸线”是设置尺寸界线超出尺寸线的距离；“起点偏移量”是设置尺寸界线的起点到图形的距离。

③ 预览区：显示标注的效果。

（2）“符号和箭头”选项卡：“符号和箭头”选项卡用于设置箭头、圆心标记、弧长符号和半径标注折弯的特性，如图 8-4 所示。

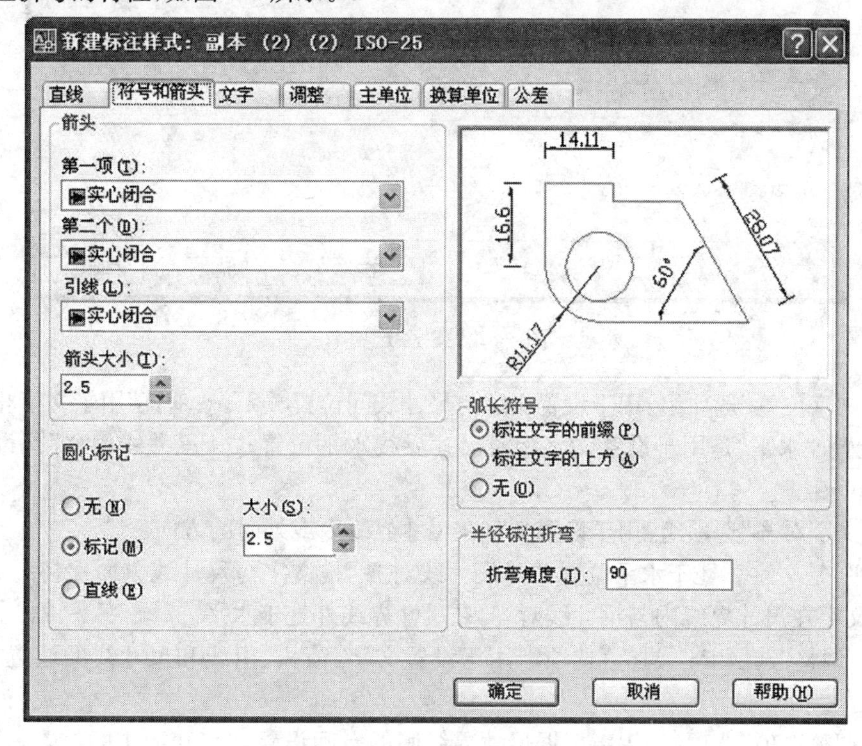

图 8-4　“符号和箭头”选项卡

① “箭头”选项组：用于设置箭头的外观，包括箭头的类型和大小。

② “圆心标记”选项组：用于设置半径标注、直径标注和中心标注的圆心标记和中心线的外观。

③ “大小”文本框是设置中心标记、中心线大小。

④ “弧长符号”选项组：用于设置弧长标注中符号的位置。

⑤ “半径标注折弯”选项：用于设置折弯半径标注的显示。“折弯角度”是设置折弯半径标注中尺寸线的横向线段的角度。

（3）“文字”选项卡：“文字”选项卡用于设置文字样式、位置、对齐方式，如图 8-5 所示。

① “文字外观”选项组：用于设置文字的样式和大小。“文字样式”是显示和设置当前文字样式；单击右侧按钮，弹出对话框，可设置或修改文字样式；“填充颜色”是设置文字背景颜色；“绘制文字边框”是设置是否在文字周围绘制边框。

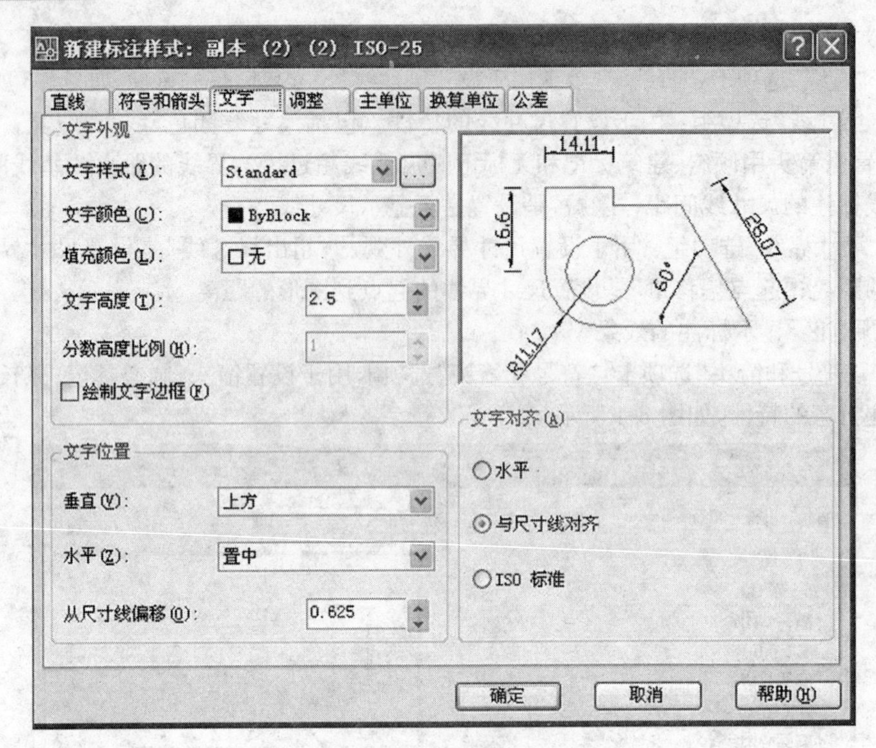

图 8-5 “文字”选项卡

② “文字位置”选项组：用于设置文字与尺寸线间位置关系。“垂直”用于文字相对尺寸线垂直位置；“水平”是用于设置文字相对尺寸界线水平位置；“从尺寸线偏移”是设置文字与尺寸线间距。

③ “文字对齐”选项组：用于设置文字在尺寸界线内或外时的方向。

“水平”是文字总处于水平位置；“与尺寸线对齐”是文字与尺寸线方向保持一致；“ISO 标准”是文字在尺寸界线内与尺寸线对齐，在尺寸界线外处于水平。

(4) “调整”选项卡：“调整”选项卡用于设置文字、箭头、引线和尺寸线的放置方式，如图 8-6所示。

① “调整选项”选项组：用于根据尺寸界线间的空间设置文字和箭头的放置。“文字或箭头(最佳效果)”用于按最佳效果设置文字或箭头的移动；“箭头”是用于先移动箭头至尺寸界线外，再移动文字；“文字”与“箭头”反之；“文字和箭头”是当尺寸界线间距不足时，文字和箭头都移至尺寸界线外；“文字始终保持在尺寸界线之间”是文字始终放在尺寸界线之间。

② “文字位置”选项组：用于设置文字的放置方式。“尺寸线旁边”是移动文字，尺寸线会随之移动；“尺寸线上方，带引线”是移动文字尺寸线不会移动，可创建一条引线；“尺寸线上方，不带引线”是移动文字尺寸线不会移动，远离尺寸线的文字不加引线相连。

③ “标注特征比例”选项组：用于设置标注元素在视图区域的显示大小。“使用全局比例”是为标注样式设置一个比例。

④ “优化”选项组：是用于设置文字放置的选项。“手动放置文字”是把文字放在“尺寸线位置”提示下指定的位置，忽略水平对正位置；“在尺寸界线之间绘制尺寸线”是用于箭头放在尺寸界线之间。

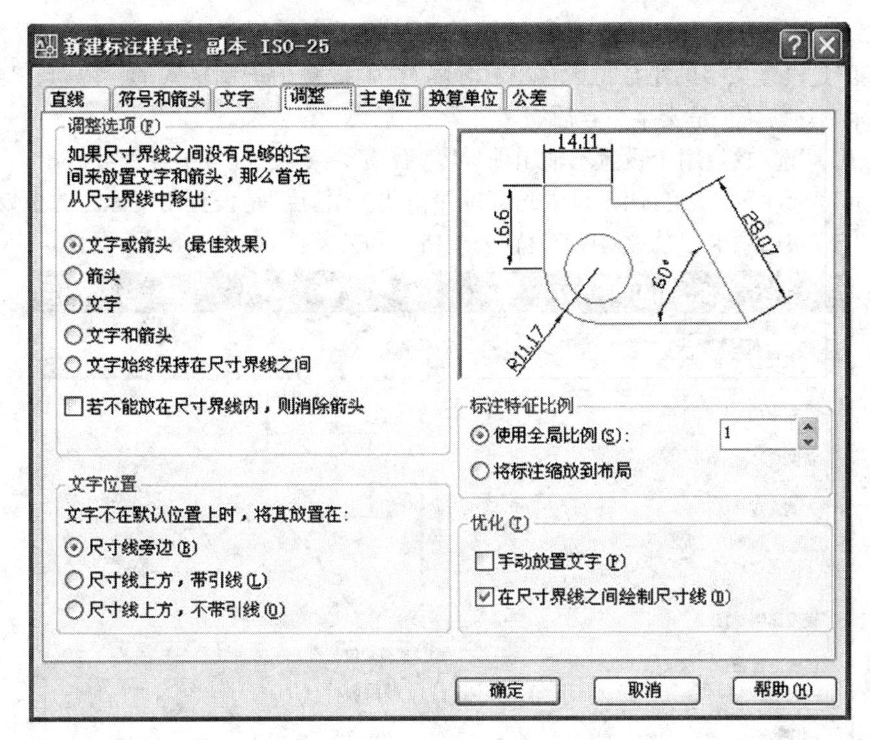

图 8-6　“调整”选项卡

(5)“主单位”选项卡:“主单位”选项卡用于设置标注单位的格式和精度及文字的前缀和后缀,如图 8-7 所示。

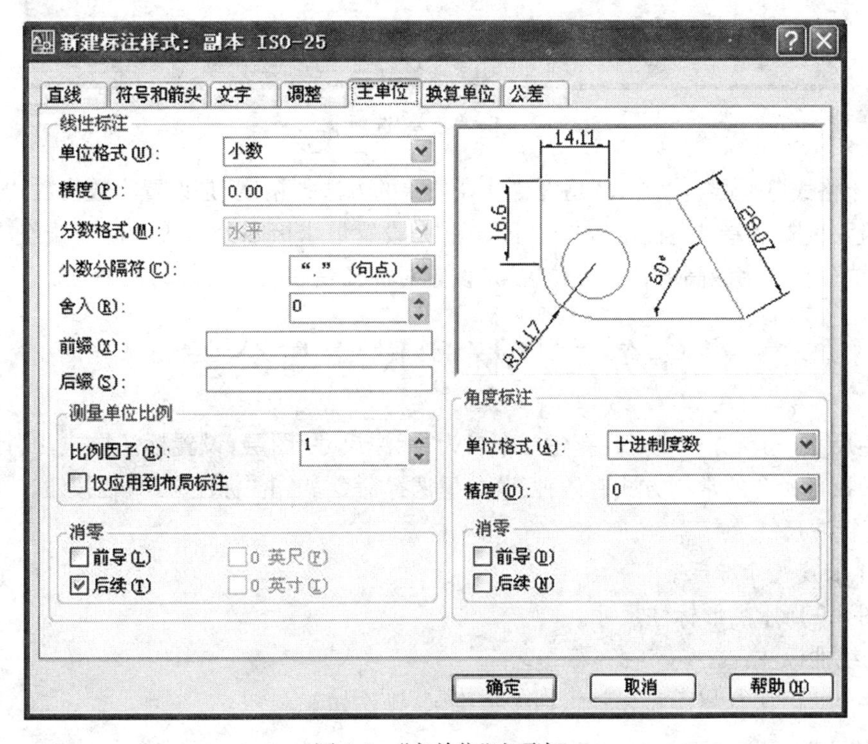

图 8-7　“主单位”选项卡

① “线性标注”选项组：用于设置线性尺寸的格式和精度。“单位格式”一般默认“小数”；“精度”是设置文字的小数位数；“小数分隔符”是设置十进制格式的分隔符；“前缀”是文字包含前缀；“后缀”是文字包含后缀。

② “消零”选项组：用于设置不输出前导零、后续零、零英尺、零英寸部分。

③ “角度标注”选项组：用于设置角度标注格式。“精度”是设置角度标注的小数位数。

(6) “公差”选项卡：“公差”用于设置公差格式和公差值，如图 8-8 所示。

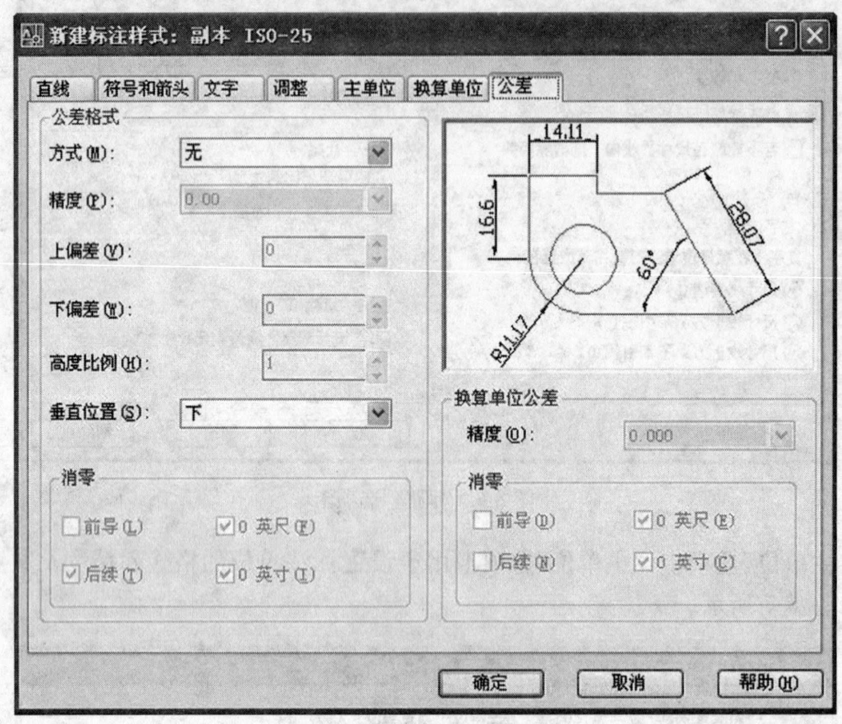

图 8-8 “公差”选项卡

“公差格式”选项组：“方式”是设置计算公差的方法；“精度”是设置小数位数；“上偏差”是设置最大极限公差或上极限偏差；“下偏差”是设置最小极限公差或下极限偏差；“高度比例”是设置公差文字的高度；“垂直位置”是设置对称公差和极限公差的文字对正。

任务二 标注尺寸与公差

标注尺寸一般有三个步骤：新建一个名为“标注尺寸”图层，设置标注样式，执行标注尺寸命令。执行命令的常用方式有两种：菜单里选择命令，单击“标注”工具栏按钮。

一、标注尺寸

(一) 长度尺寸标注

为图 8-9 所示图形标注尺寸。

(1) 线性标注：

单击“标注”工具栏中按钮 ，命令行提示、操作如下：

指定第一条尺寸界线原点或＜选择对象＞： //单击点 C

指定第二条尺寸界线原点： //单击点 D

指定尺寸线位置或[多行文字(M)/文字(T)/角度(A)/水平(H)/垂直(V)/旋转(R)]://拖动鼠标单击

重复操作,标注 AC 长度。

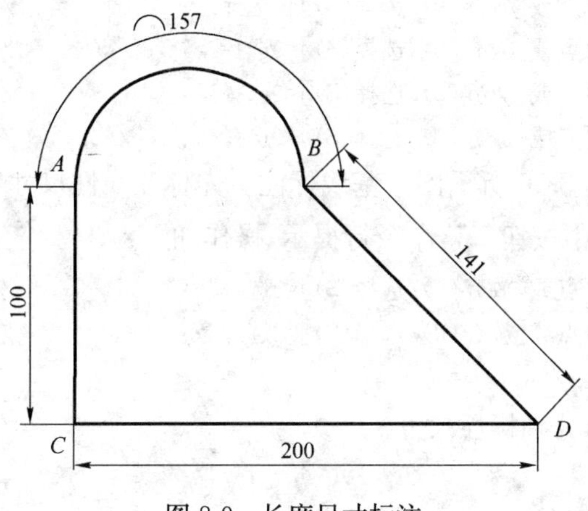

图 8-9　长度尺寸标注

(2) 对齐标注:单击"标注"工具栏中按钮,命令行提示、操作如下:

指定第一条尺寸界线原点或<选择对象>:　　//单击点 B

指定第二条尺寸界线原点:　　//单击点 D

指定尺寸线位置或[多行文字(M)/文字(T)/角度(A)]:　　//拖动鼠标单击

(3) 弧长标注:单击"标注"工具栏中按钮,命令行提示、操作如下:

选择弧线段或多段线弧段:　　//选择圆弧 $\overset{\frown}{AB}$

指定弧长标注位置或[多行文字(M)/文字(T)/角度(A)/部分(P)/引线(L)]:　//拖动鼠标单击

(4) 连续标注:为图 8-10 所示图形连续标注。先标注线性尺寸 EF 作为基准尺寸。

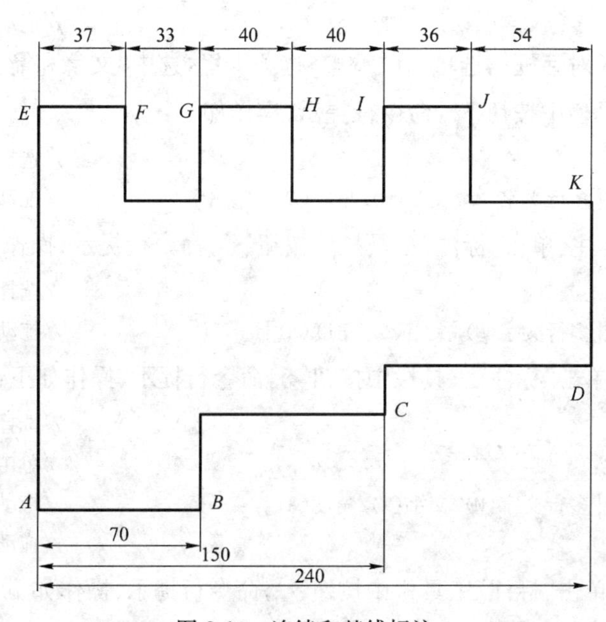

图 8-10　连续和基线标注

单击“标注”工具栏中按钮，命令行提示、操作如下：

指定第二条尺寸界线原点或[放弃(U)/选择(S)]<选择>： //单击点 G
指定第二条尺寸界线原点或[放弃(U)/选择(S)]<选择>： //单击点 H
指定第二条尺寸界线原点或[放弃(U)/选择(S)]<选择>： //单击点 I
指定第二条尺寸界线原点或[放弃(U)/选择(S)]<选择>： //单击点 J
指定第二条尺寸界线原点或[放弃(U)/选择(S)]<选择>： //单击点 K,↙,按【Esc】键

(5) 基线标注：为图 8-10 所示图形基线标注。先标注线性尺寸 AB 作为基准尺寸。

单击“标注”工具栏中按钮，命令行提示、操作如下：

指定第二条尺寸界线原点或[放弃(U)/选择(S)]<选择>： //单击点 C
指定第二条尺寸界线原点或[放弃(U)/选择(S)]<选择>： //单击点 D,↙,按【Esc】键

(二) 径向尺寸标注

给图 8-11 所示图形分别标注尺寸。

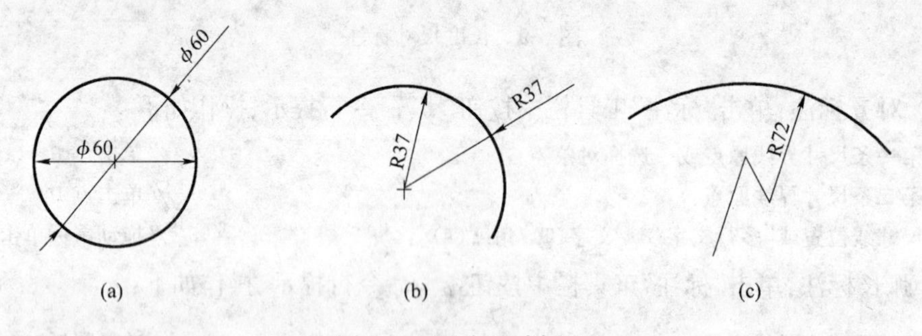

图 8-11 经向尺寸标注

(1) 圆直径标注：单击“标注”工具栏中按钮，命令行提示、操作如下：

选择圆弧或圆： //选择图 8-11(a)所示圆
指定尺寸线位置或[多行文字(M)/文字(T)/角度(A)]： //拖动鼠标单击

修改“标注样式”对话框格选项，在“调整”选项卡里，选中“文字和箭头”单选按钮。

单击“标注”工具栏中按钮，命令行提示、操作如下：

选择圆弧或圆： //选择 8－11(a)所示圆
指定尺寸线位置或[多行文字(M)/文字(T)/角度(A)]： //拖动鼠标单击

(2) 圆弧半径标注：单击“标注”工具栏中按钮，命令行提示、操作如下：

选择圆弧或圆： //选择 8－11(b)所示圆弧
指定尺寸线位置或[多行文字(M)/文字(T)/角度(A)]： //拖动鼠标单击

(3) 折弯标注：单击“标注”工具栏中按钮，命令行提示、操作如下：

选择圆弧或圆： //选择 8－11(c)所示圆弧
指定中心位置替代： //单击折弯起点
指定尺寸线位置或[多行文字(M)/文字(T)/角度(A)]： //拖动鼠标单击
指定折弯位置： //拖动鼠标单击

(4) 圆心标记：单击“标注”工具栏中按钮，命令行提示、操作如下：

选择圆弧或圆： //选择 8－11(a)所示圆

重复操作，选择图 8-11(b)、(c)所示圆弧。

（三）其他标注

为图 8-12 所示图形标注尺寸。

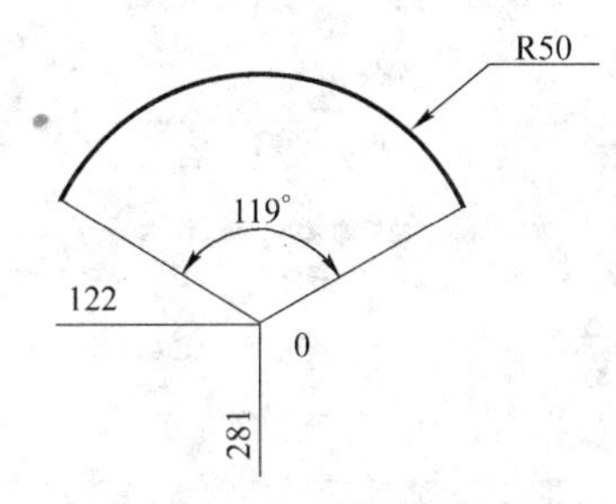

图 8-12　其他标注

（1）角度标注：

单击“标注”工具栏中按钮，命令行提示、操作如下：

选择圆弧、圆、直线或<指定顶点>：　　　　//选择角度的一条边

选择第二条直线：　　　　//选择角度的另一条边

指定标注弧线位置或[多行文字(M)/文字(T)/角度(A)]：　　　　//拖动鼠标单击

（2）坐标标注：单击“标注”工具栏中按钮，命令行提示、操作如下：

指定点坐标：　　　　//选择圆弧的圆心 O

指定引线端点或[X 基准(X)/Y 基准(Y)/多行文字(M)/文字(T)/角度(A)]：//水平拖动鼠标单击

显示圆心 Y 坐标是 122。重复操作，显示圆心 X 坐标是 281。

（3）引线标注：单击“标注”工具栏中按钮，命令行提示、操作如下：

指定第一个引线点或[设置(S)]<设置>：　　　　//↙

出现“引线设置”对话框。设置如图 8-13、图 8-14 和图 8-15 所示。

指定第一个引线点或[设置(S)]<设置>：　　　　//选择圆弧上一点

指定下一点：　　　　//单击引线第二点

指定文字宽度<0>：　　　　//↙

输入注释文字的第一行<多行文字(M)>：　　　　//输入 R50，↙两次

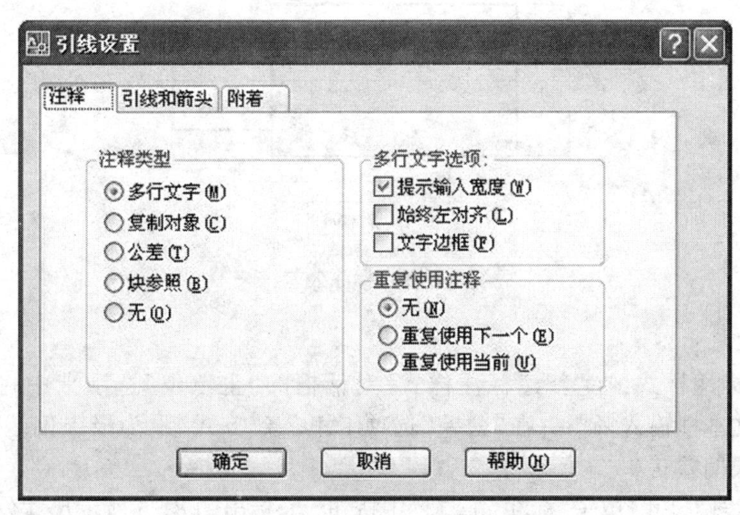

图 8-13　“引线设置”对话框

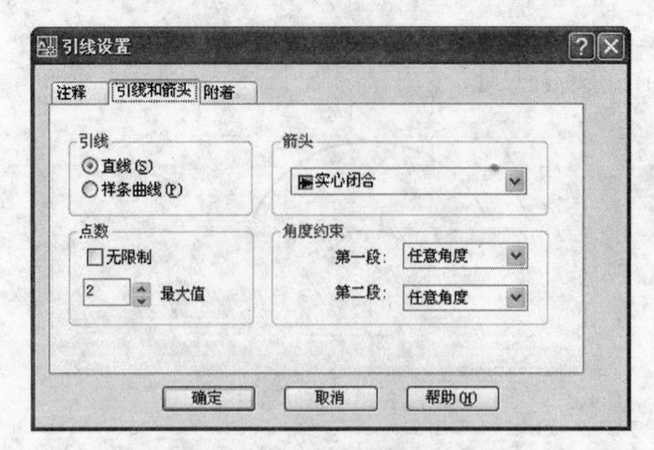

图 8-14 “引线和箭头”选项卡

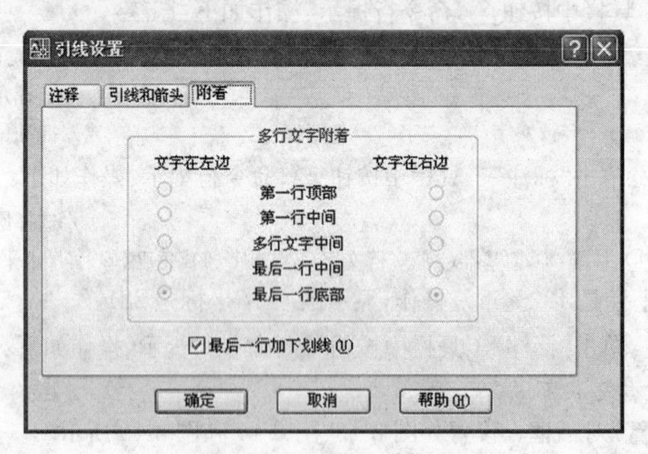

图 8-15 “附着”选项卡

二、标注公差

标注图 8-16 所示图形的尺寸和几件公差。

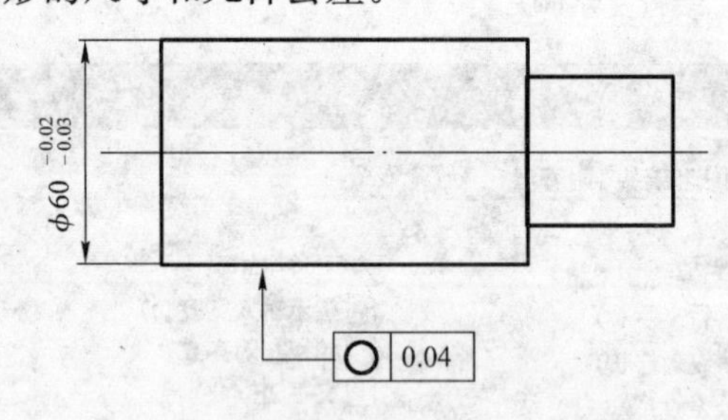

图 8-16 标注公差

(一) 标注尺寸公差

(1) 设置标注样式:在“新建标注样式”对话框的“主单位”选项卡中将“精度”调为 0.00,“前缀”文本框输入%%c;在“公差”选项卡里,将“方式”设为极限偏差,上极限偏差 -0.02,下极限偏差 0.03。

(2) 标注线性尺寸:单击“标注”工具栏中按钮,标出图 8-16 所示尺寸公差。

(二) 标注几件公差

(1) 设置引线样式:在“引线设置”对话框中 “注释”选公差,“引线”选直线,点数设为 3。

(2) 标注几件公差：单击“标注”工具栏中按钮，标出引线，弹出图 8-17 所示“形位公差”对话框，单击“符号”下黑色矩形，出现图 8-18 所示“特征符号”对话框，选一个符号，再输入公差值，单击“确定”按钮。

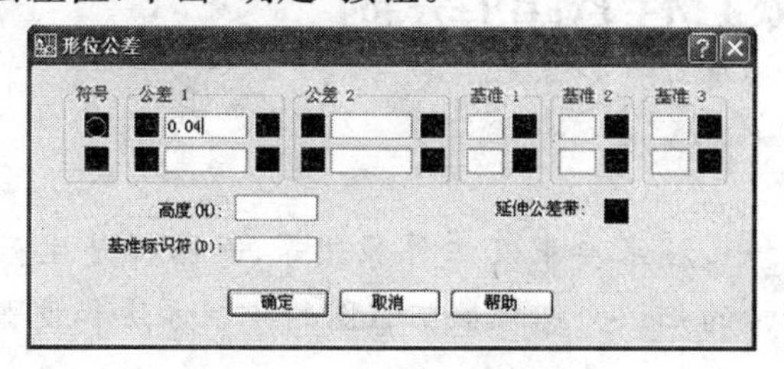

图 8-17　“形位公差”对话框

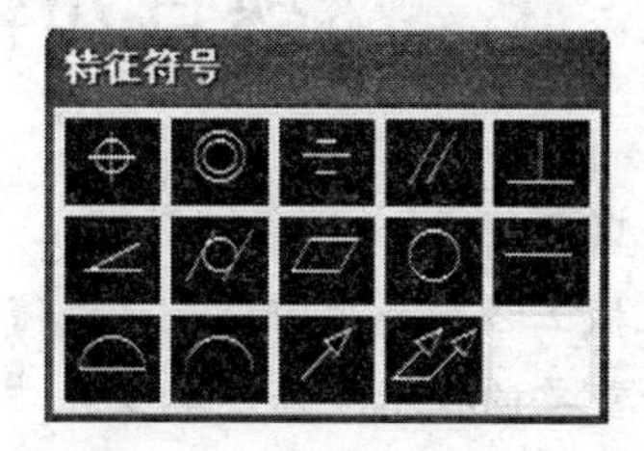

图 8-18　“特征符号”对话框

拓展：

在标注尺寸过程中，数值和数值角度可以人为输入。通过输入 T 或 A 后按【Enter】键，再输入数值或数值角度值。

练　　习

1. 标注图 8-19 所示图形尺寸。

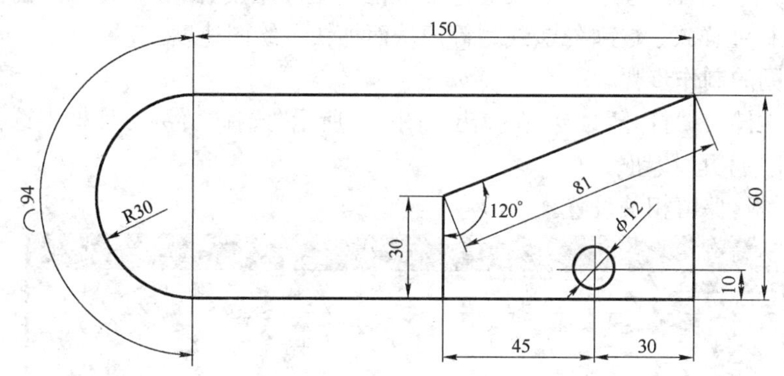

图 8-19　图例(一)

2. 标注如图 8-20 所示轴套零件图尺寸及公差。

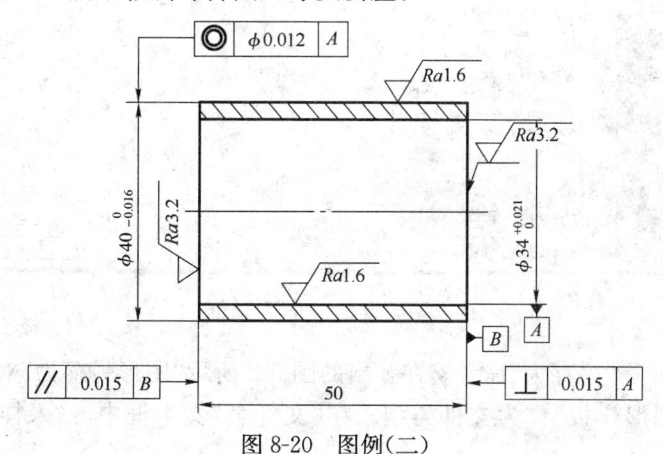

图 8-20　图例(二)

项目九　机械工程图的绘制

· 项目引言

机械工程图是用图样表示机械的形状、大小、技术要求及工作原理等，而图样是生产部门十分重要的技术文件。本项目结合前面所学的知识介绍机械工程图的绘制方法和步骤。

· 学习目标

1. 了解样板图的创建及使用。
2. 掌握零件工程图的绘制方法及步骤。
3. 了解装配工程图的绘制方法及步骤。

任务一　图形样板文件的创建

图形样板文件(扩展名为.dwt)保存了各种标准设置，当建立新图时，会将样板文件的内容设置复制到当前图形里。一般设置包括单位类型和精度、图层名、捕捉、栅格和正交设置、栅格界限、标注样式、文字样式、线型等。从而加快了绘图速度。

一、样板图的制作步骤

① 选择“文件”→“打开”命令，在弹出的图9-1所示“选择文件”对话框中选择需要做样板的文件，单击“打开”按钮。

② 编辑样板，保留相关设置。

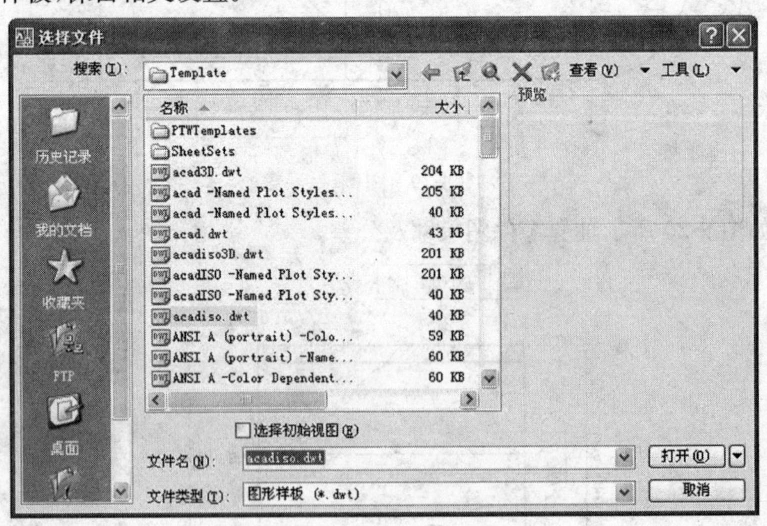

图9-1　“选择文件”对话框

③ 选择“文件”→“另存为”命令。在弹出的图9-2所示“图形另存为”对话框的“文件类型”列表里选择“图形样板”作为文件类型。在“文件名”文本框中，输入样板的名称，单击“保存”按钮。

图 9-2　“图形另存为”对话框

④ 弹出图 9-3 所示的“样板说明”对话框，根据实际情况输入样板说明，单击“确定”按钮，就将新样板保存在 template 文件夹中。

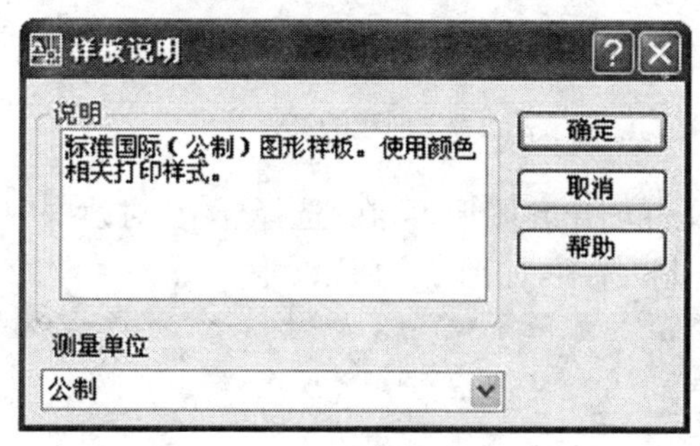

图 9-3　“样板说明”对话框

二、样板图的调用

使用样板文件，操作如下：

① 选择“文件”→“新建”命令，弹出图 9-4 所示的“选择样板”对话框。

图 9-4　“选择样板”对话框

② 在对话框列表里选择一个样板，单击“打开”按钮，可按选择的样板新建文件，如图 9-5所示。

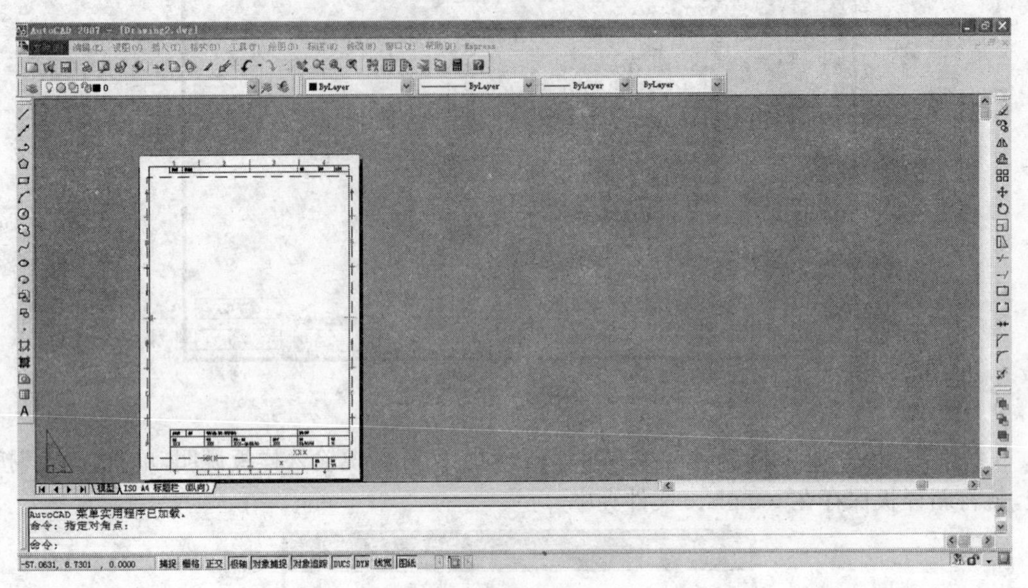

图 9-5　创建的文件效果

③ 如果不使用样板文件创建新图形，可在“选择样板”对话框中单击“打开”按钮旁边箭头，选择“无样板打开－公制”选项，如图 9-6 所示。

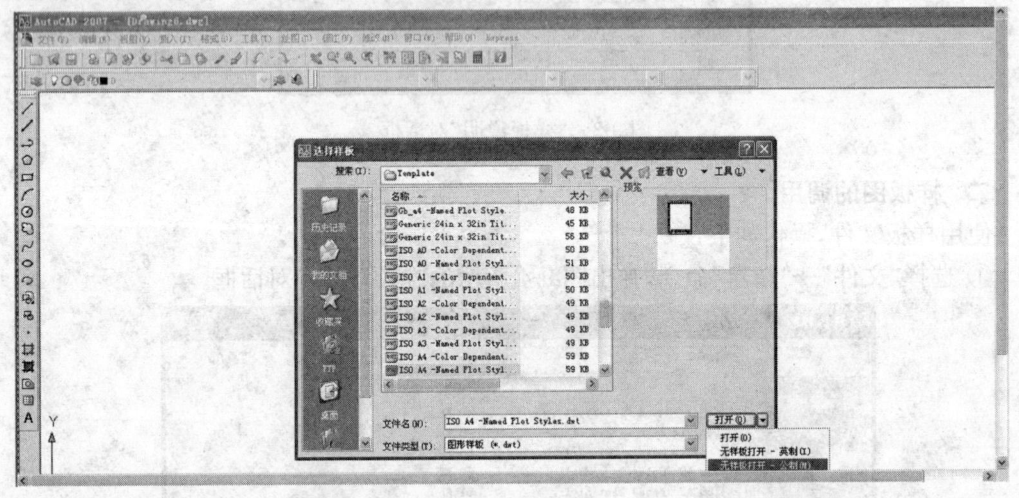

图 9-6　打开选项

任务二　零件工程图的绘制

零件工程图包括视图、尺寸、技术要求和标题栏。绘制图 9-7 所示槽轮轴零件图。

绘制过程如下：

一、设置绘图环境

① 新建图形文件：选择“文件”→“新建”命令，弹出“选择样板”对话框。在对话框中选

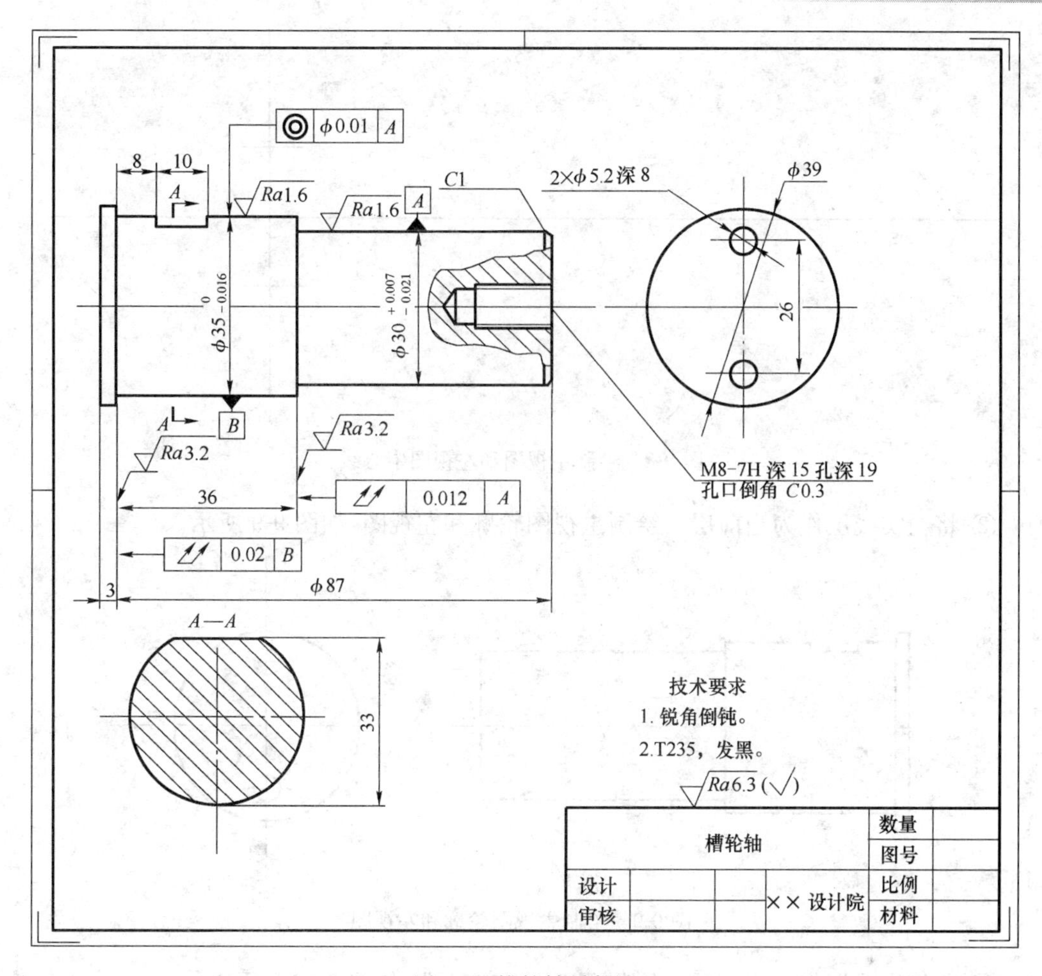

图 9-7 槽轮轴零件图

择“acadiso. dwt”(无样板公制)样板文件,单击“打开”按钮。系统新建一个文件。

② 设置图形界限:选择“格式”→“图形界限(A)”命令,命令行提示:

“指定左下角点或[开(ON)/关(OFF)]<0.0000,0.0000>:”

输入 OFF,按【Enter】键。

重复选择“格式”→“图形界限(A)”命令，命令行提示：

“指定左下角点或[开(ON)/关(OFF)]<0.0000,0.0000>:”

在坐标处单击一点,命令行提示:

“指定右上角点<420.0000,297.0000>:”

输入“200,180”,按【Enter】键。

用鼠标单击“标准”工具栏中“窗口缩放”按钮下拖至“全部缩放”松开,放大视图。

③ 设置图层:单击“图层对象管理器”按钮,在弹出的对话框中分别新建点画线层、粗实线层、细实线层、标注层。

④ 打开状态栏“极轴”、“对象捕捉”、“对象追踪”,采用默认的捕捉参数。

二、操作步骤

(一) 绘制视图

① 将点画线层作为当前层。绘制主视图水平中心线和左视图圆的中心线,如图 9-8 所示。

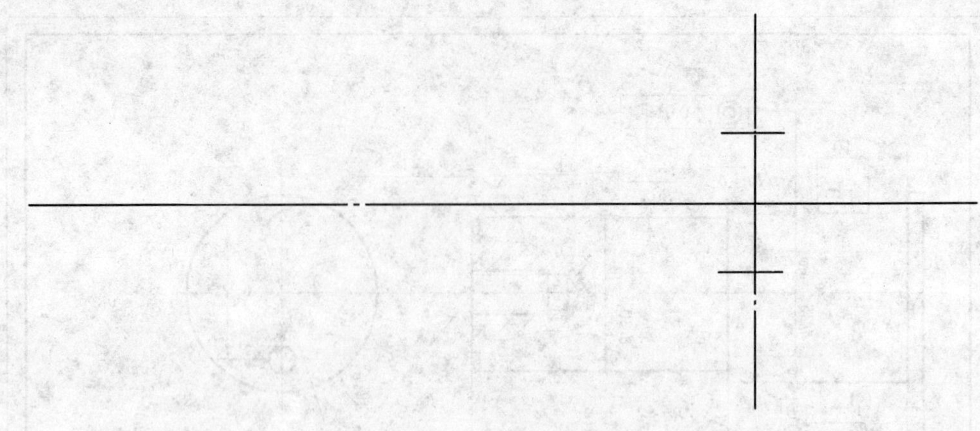

图 9-8　绘制主视图和左视图中心线

② 将粗实线层作为当前层。绘制主视图轮廓和左视图，如图 9-9 所示。

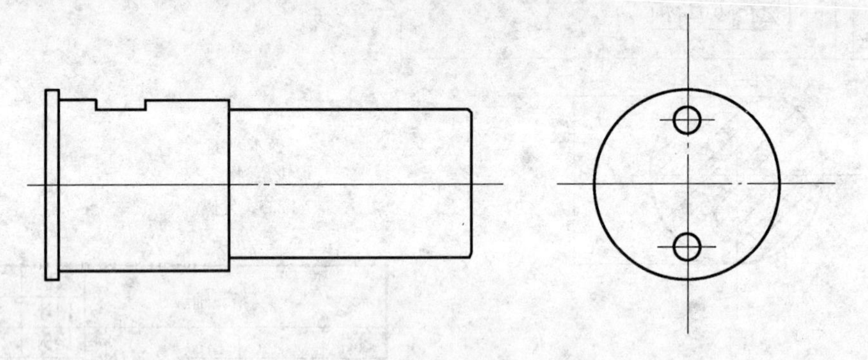

图 9-9　绘制主视图轮廓和左视图

③ 将细实线层作为当前层。绘制主视图的螺纹孔，如图 9-10 所示。

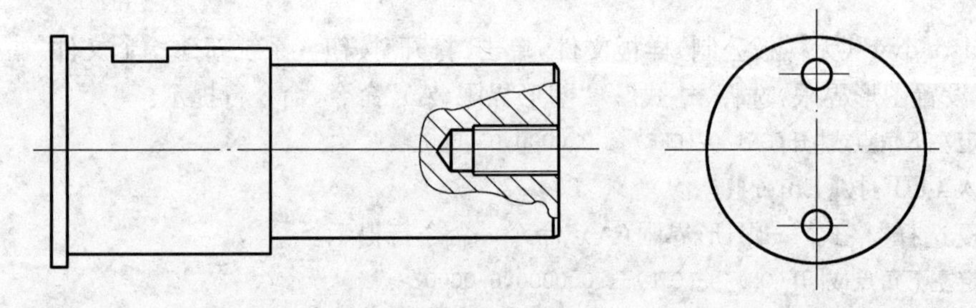

图 9-10　绘制主视图螺纹孔

④ 将粗实线层作为当前层。绘制直径为 35 的剖面图，如图 9-11 所示。

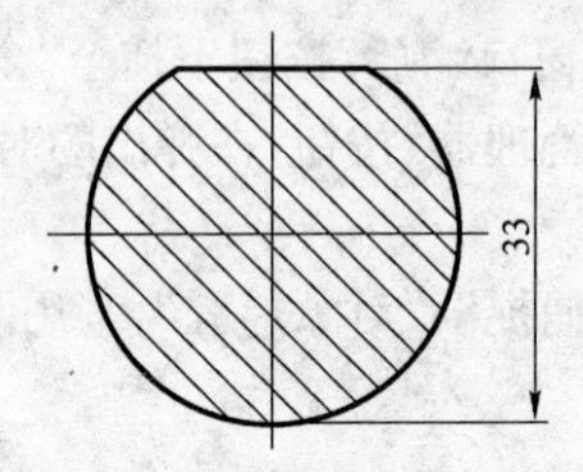

图 9-11　绘制直径为 35 的剖面图

（二）标注尺寸

① 将标注层作为当前层。设置标注样式，文字高度为 3，箭头大小为 2.5。

② 对视图进行线性标注。

③ 进行引线和公差标注。

④ 标注螺纹孔。

⑤ 绘制基准符号并进行标注。

⑥ 绘制表面粗糙度符号并定义块属性，标注表面粗糙度，如图 9-12 所示。

（三）注写技术要求。

注写技术要求，如图 9-12 所示。

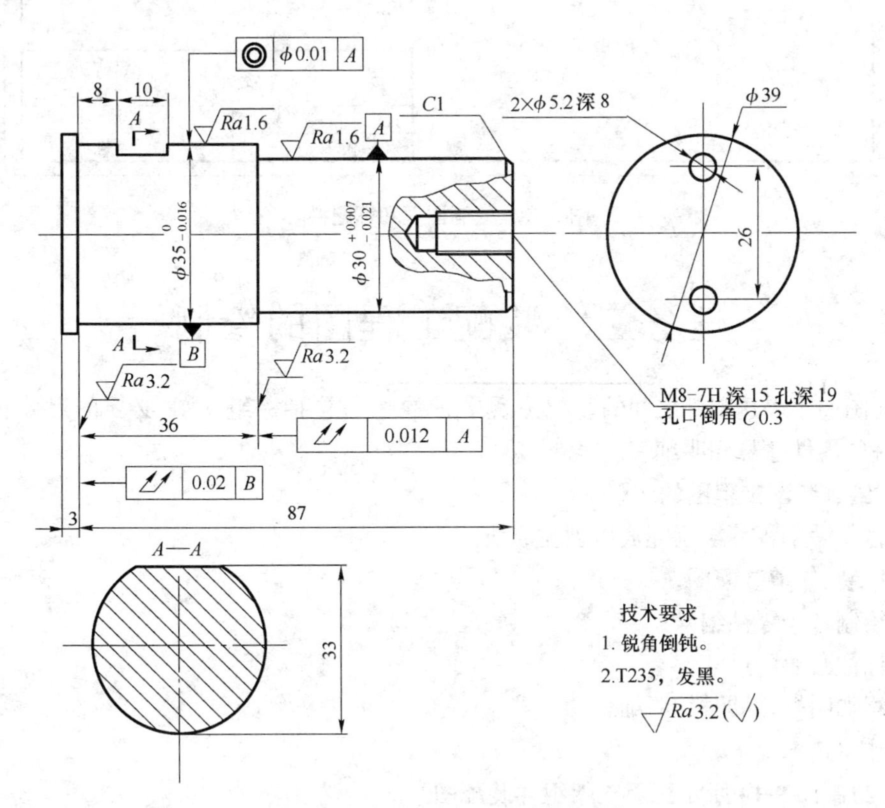

图 9-12　标注尺寸和注写技术要求

（四）绘制图框和标题栏

① 将细实线层作为当前层。绘制矩形，长为 297，宽为 210。

② 使用偏移命令，将矩形向里偏移 10 mm。

③ 在内、外框线之间绘制线段。

④ 在内框右下角绘制表格。

⑤ 在表格内填写文字。

⑥ 将内框线和表格外框线换到粗实线层，如图 9-13 所示。

（五）插入块

将图 9-12 所示图形创建成块，插入到图 9-13 所示的图框里，得到图 9-7 所示零件图。

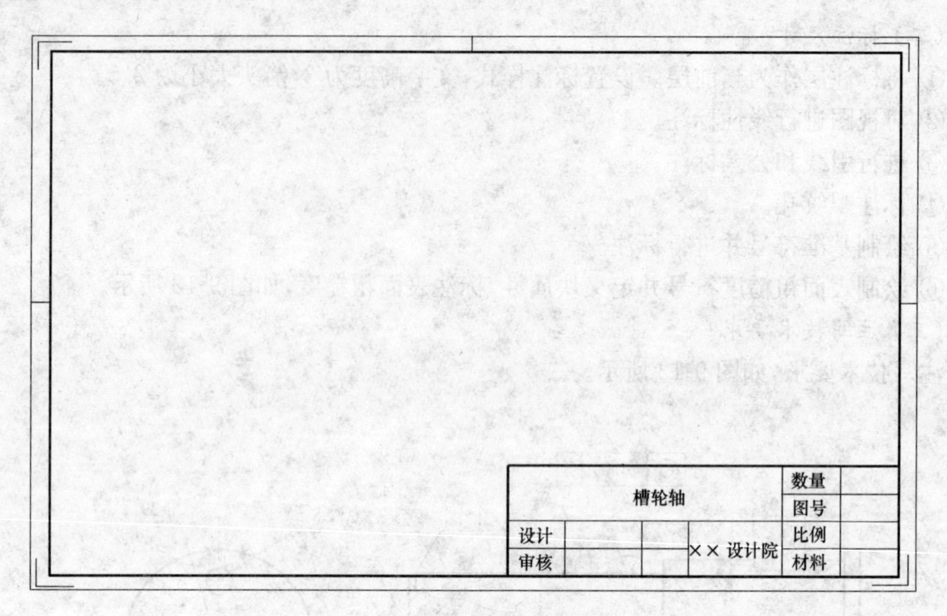

图 9-13　绘制图框和标题栏

任务三　装配工程图的绘制

装配图用于表达零件之间的装配关系及位置关系，包括一组视图、必要的尺寸、技术要求、标题栏、零件序号和明细表。

一、绘制装配工程图的步骤

① 将每一个零件绘制完成后创建成块。

② 拼装、修剪装配图。

③ 绘制各个零件编号。

④ 标注必要的尺寸。

⑤ 添加图框、标题栏、明细表。

⑥ 注写技术要求。

二、绘制图 9-14 所示配重支架组件装配图

绘制过程如下：

（一）设置绘图环境

① 新建图形文件：选择“文件”→“新建”命令，弹出“选择样板”对话框。在对话框中选择“acadiso. dwt”（无样板公制）样板文件，单击“打开”按钮。系统新建一个文件。

② 设置图形界限：选择“格式”→“图形界限(A)”命令，命令行提示：

“指定左下角点或[开(ON)/关(OFF)]<0.0000,0.0000>：”

输入 OFF，按【Enter】键。

重复选择“格式”→“图形界限(A)”命令，命令行提示：

在坐标处单击一点，命令行提示：

“指定右上角点<420.0000,297.0000>：”

输入“297,210”，按【Enter】键。

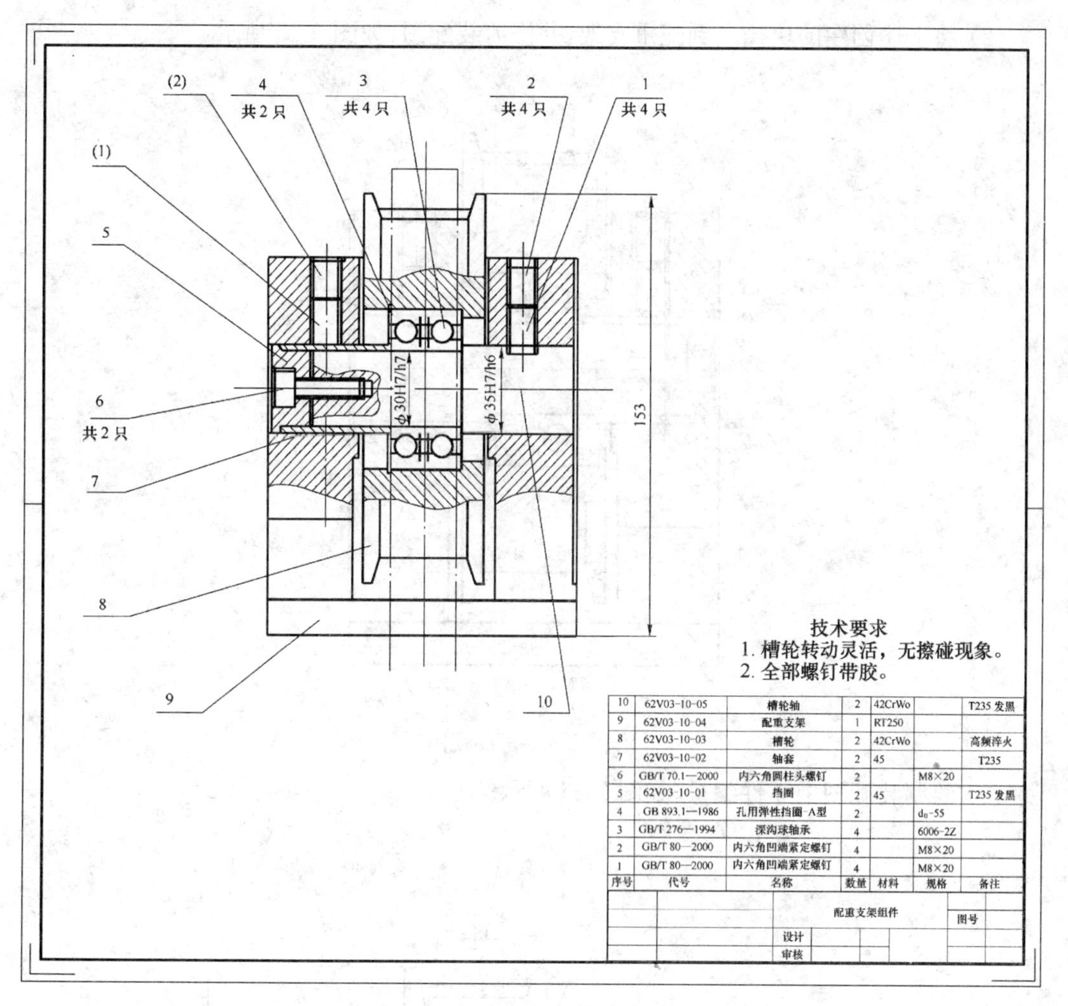

序号	代号	名称	数量	材料	规格	备注
10	62V03-10-05	槽轮轴	2	42CrWo		T235 发黑
9	62V03-10-04	配重支架	1	RT250		
8	62V03-10-03	槽轮	2	42CrWo		高频淬火
7	62V03-10-02	轴套	2	45		T235
6	GB/T 70.1—2000	内六角圆柱头螺钉	2		M8×20	
5	62V03-10-01	挡圈	2	45		T235 发黑
4	GB 893.1—1986	孔用弹性挡圈-A型	2		d_0-55	
3	GB/T 276—1994	深沟球轴承	4		6006-2Z	
2	GB/T 80—2000	内六角凹端紧定螺钉	4		M8×20	
1	GB/T 80—2000	内六角凹端紧定螺钉	4		M8×20	

图 9-14　配重支架组件装配图

用鼠标单击“标准”工具栏中“窗口缩放”按钮下拖至“全部缩放”松开，放大视图。

③ 设置图层：单击“图层对象管理器”按钮，在弹出的对话框中分别新建点画线层、双点画线层、细实线层、标注层。

④ 打开状态栏“极轴”、“对象捕捉”、“对象追踪”，采用默认的捕捉参数。

（二）操作步骤

（1）绘制视图如下：

① 将点画线层作为当前层。绘制槽轮轴主视图水平中心线和竖直中心线。将图层换到细实线层，绘制大端直径为 35 及小端直径为 30 的槽轮轴主视图。并创建成块。

② 绘制内六角凹端紧定螺钉 M8×12，创建成块。

③ 绘制内六角凹端紧定螺钉 M8×10，创建成块。

④ 绘制深沟球轴承，创建成块。

⑤ 绘制孔用弹性挡圈，创建成块。

⑥ 绘制内六角圆柱头螺钉，创建成块。

⑦ 绘制槽轮，创建成块。

⑧ 绘制配重支架。

(2) 将上述创建的块插入到配重支架,并修剪装配图,如图 9-15 所示。

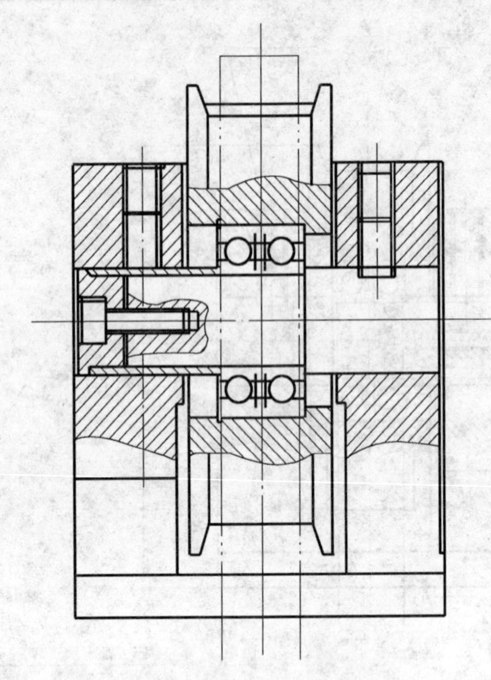

图 9-15　装配图视图

(3) 绘制装配图中零件编号,如图 9-16 所示。

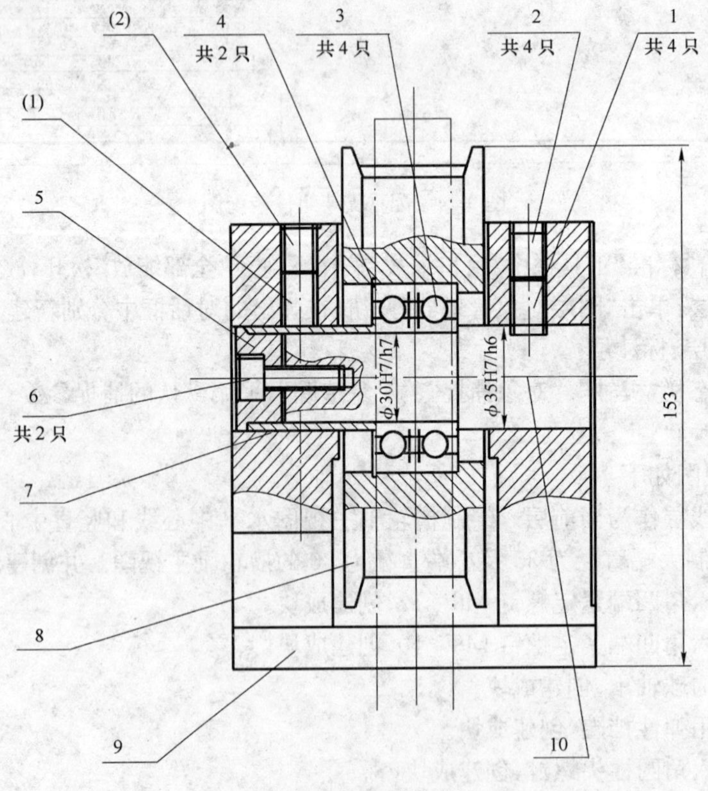

图 9-16　添加零件编号

(4) 将标注层作为当前层，标注 3 个尺寸，如图 9-16 所示。

(5) 绘制图框和标题栏，同任务二。

(6) 绘制并填写明细表，如图 9-17 所示。

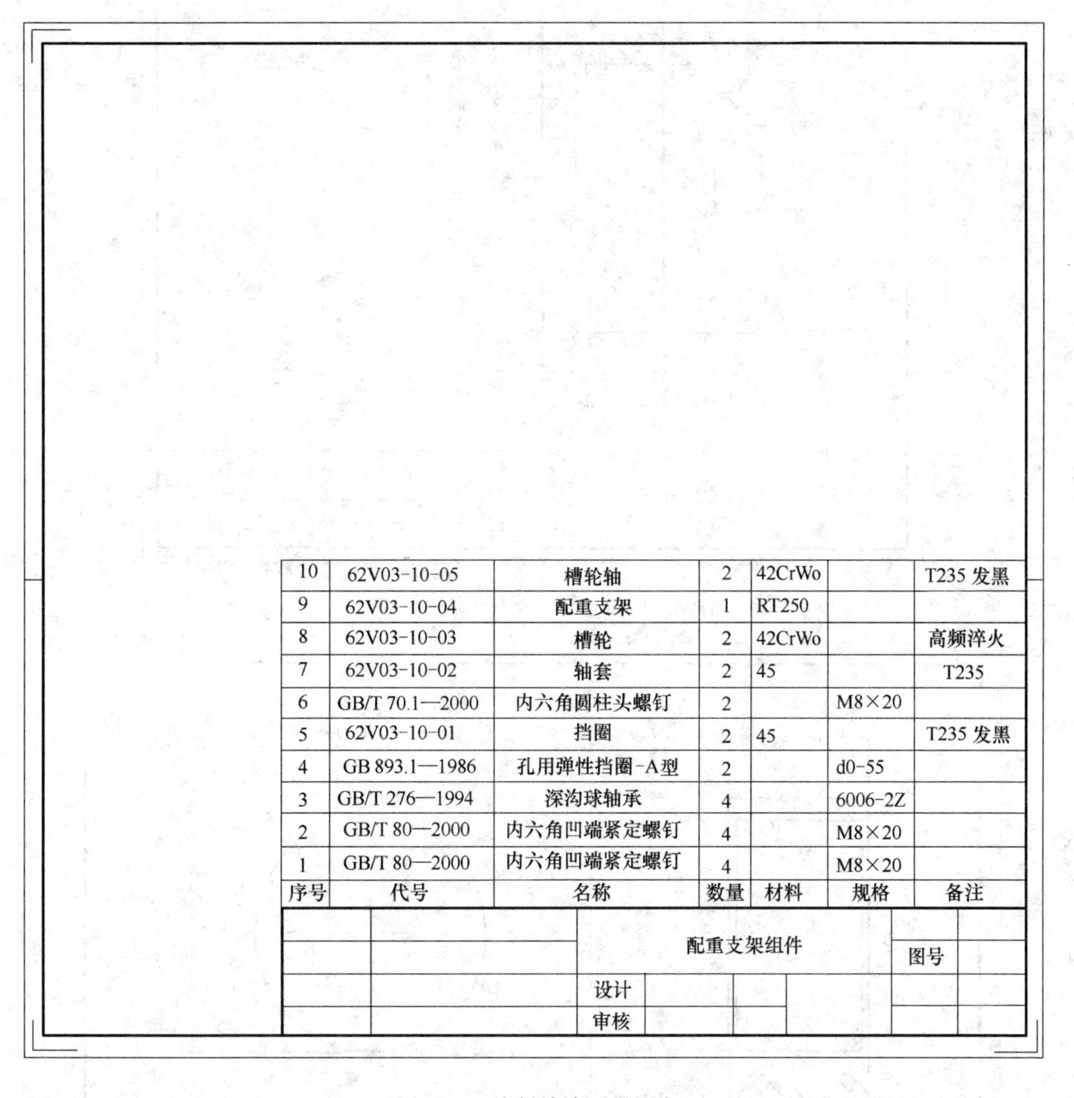

序号	代号	名称	数量	材料	规格	备注
10	62V03-10-05	槽轮轴	2	42CrWo		T235 发黑
9	62V03-10-04	配重支架	1	RT250		
8	62V03-10-03	槽轮	2	42CrWo		高频淬火
7	62V03-10-02	轴套	2	45		T235
6	GB/T 70.1—2000	内六角圆柱头螺钉	2		M8×20	
5	62V03-10-01	挡圈	2	45		T235 发黑
4	GB 893.1—1986	孔用弹性挡圈-A型	2		d0-55	
3	GB/T 276—1994	深沟球轴承	4		6006-2Z	
2	GB/T 80—2000	内六角凹端紧定螺钉	4		M8×20	
1	GB/T 80—2000	内六角凹端紧定螺钉	4		M8×20	

图 9-17　绘制并填写明细表

(7) 注写技术要求。

(8) 完成装配图绘制，如图 9-14 所示。

练　　习

1. 绘制图 9-18 所示挡圈零件图。

2. 绘制图 9-19 所示皮带轮隔环零件图。

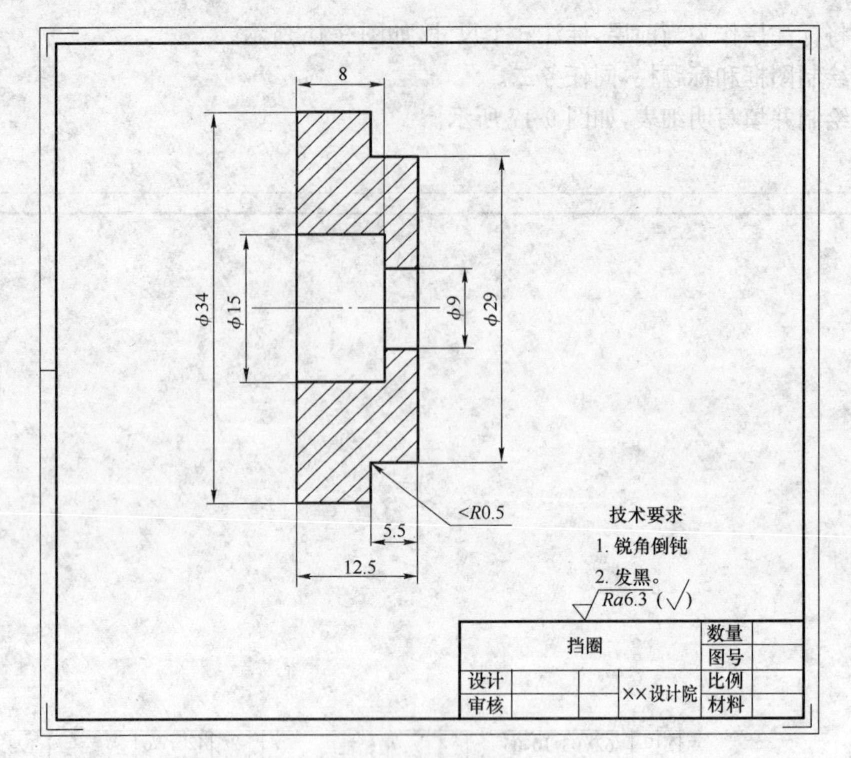

图 9-18 图例(一)

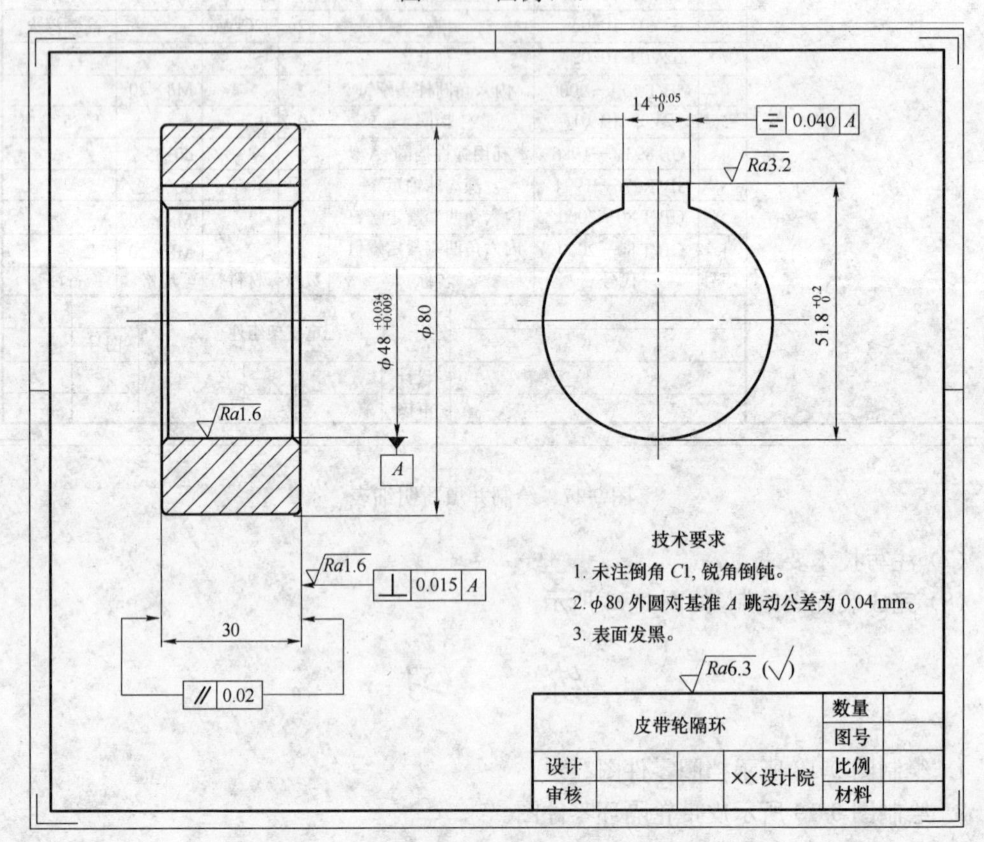

图 9-19 图例(二)

项目十　建筑平面图形的绘制

• **项目引言**

建筑平面图是房屋的水平剖面图，表示建筑物各层平面布置情况。

• **学习目标**

1. 掌握多线设置、绘制及编辑。
2. 掌握建筑平面图绘制方法。

任务一　多线设置、绘制及编辑

一、多线设置及常用选项说明

选择“格式”→“多线样式”命令，弹出“多线样式”对话框，如图 10-1 所示。

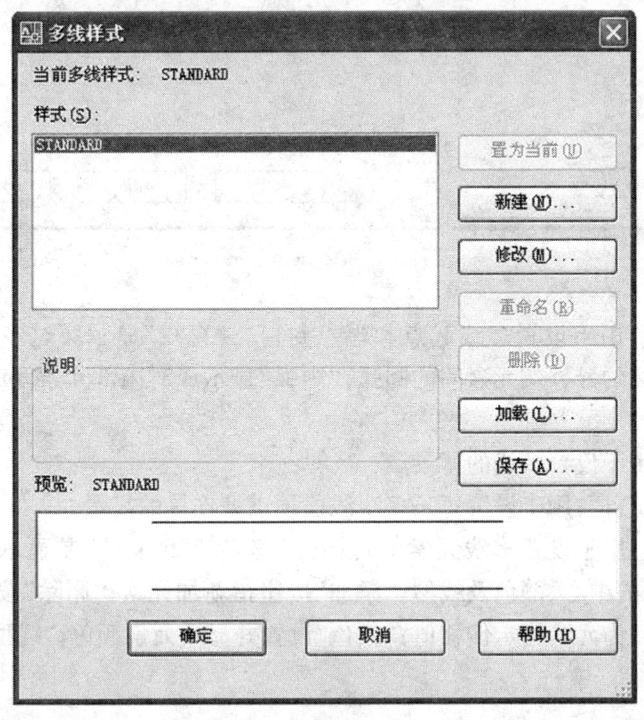

图 10-1　“多线样式”对话框

“样式”列表：用于显示当前多线线型名，选定一种已设置的多线为当前绘图所用。

“重命名”按钮：用于给当前多线命名。

“加载”按钮：用于从多线库文件中加载已设置的多线，从中选择需要的样式。

“保存”按钮：用于存入当前的多线线型到多线文件中。

“新建”按钮：单击此按钮，弹出图 10-2 所示“创建新的多线样式”对话框，输入“新样式名”后，单击“继续”按钮，弹出图 10-3 所示 “新建多线样式”对话框。

图 10-2 “创建新的多线样式”对话框

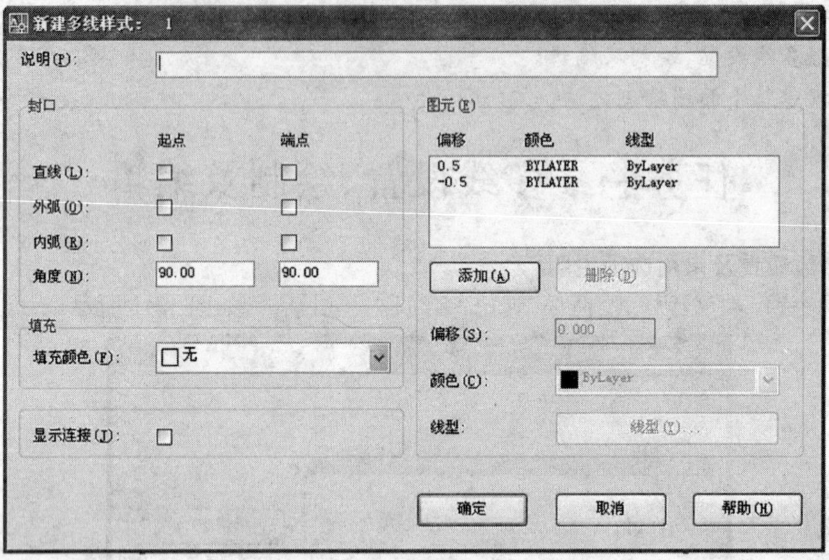

图 10-3 “新建多线样式”对话框

“封口”选项组:用于设置多线起点和端点封口。“直线”显示穿过多线每一端的直线段;“外弧”显示多线的最外端元素间的圆弧;“内弧”显示成对内部元素间的圆弧;“角度”设置端点封口的角度。

“填充”选项:用于设置多线的背景。

“显示连接”复选框:用于设置每条多线线段顶点处连接的显示。

“图元”选项组:用于设置多线元素的特性。“偏移、颜色和线型”显示多线样式中的每个元素相对于多线的中心、颜色及线型;“添加”按钮指新加元素;“删除”按钮指从多线样式中删除元素;“偏移”为元素指定偏移值;“颜色”设置并显示元素颜色;“线型” 设置并显示元素线型。

二、多线绘制

(一)常用命令方式

菜单栏:选择“绘图”→“多线”命令。

(二)命令选项说明

① 对正:用于设置在指定点处绘制多线。“上”指光标处于多线的上边;“无” 指光标处于多线的中间;“下” 指光标处于多线的下边。

② 比例:用于设置多线宽度相对于多线样式定义宽度的倍数。

③ 样式:用于指定多线的样式。

（三）演示操作步骤

绘制图 10-4 所示图形。

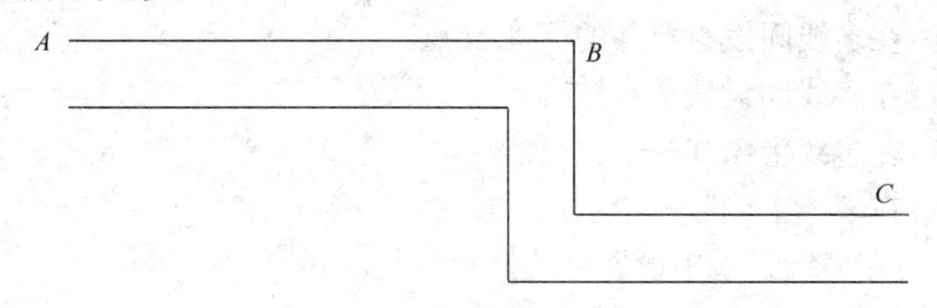

图 10-4　多线图形

命令：选择“绘图”→“多线”选项，命令行提示、操作如下：

指定起点或[对正(J)/比例(S)/样式(ST)]：　　//指定点 A

指定下一点：　　//指定点 B

指定下一点：　　//指定点 C

三、多线编辑

（一）常用命令方式

菜单栏：选择“修改”→“对象”→“多线”命令。

执行命令后，弹出图 10-5 所示“多线编辑工具”对话框。

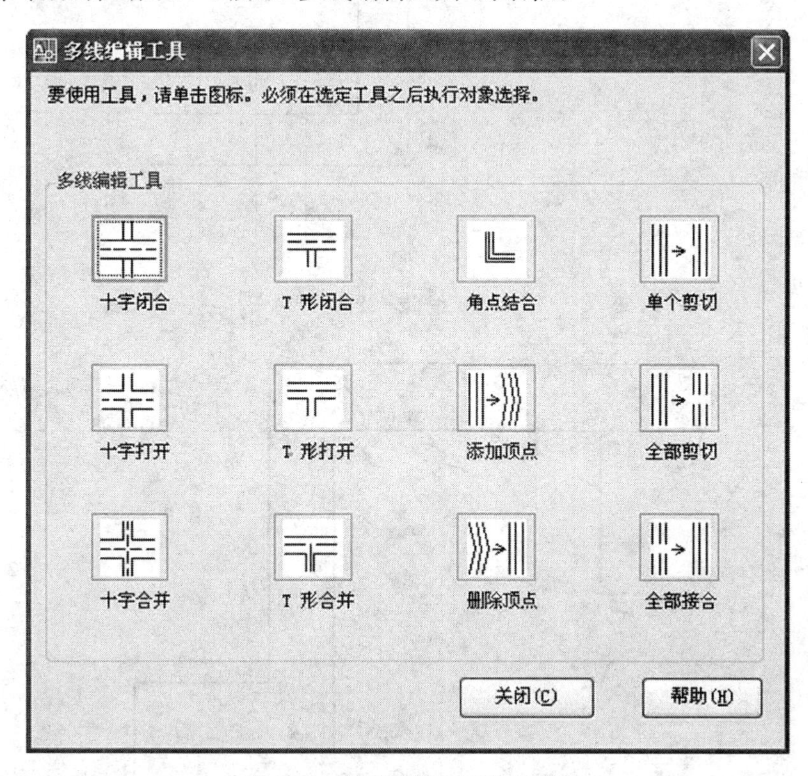

图 10-5　“多线编辑工具”对话框

（二）对话框选项说明

① 十字闭合：在多线间设置闭合的十字交点。

② 十字打开：在多线间设置打开的十字交点。

③ 十字合并：在多线间设置合并的十字交点。

④ T 形闭合:在多线间设置闭合的 T 形交点。

⑤ T 形打开:在多线间设置打开的 T 形交点。

⑥ T 形合并:在多线间设置合并的 T 形交点。

⑦ 角点结合:在多线间设置角点结合。

⑧ 添加顶点:在多线上添加一个顶点。

⑨ 删除顶点:在多线上删除一个顶点。

⑩ 单个剪切 :在多线元素中设置可见打断。

⑪ 全部剪切:设置整条多线的可见打断。

⑫ 全部接合":将全部剪切的多线重新接合。

(三) 演示操作步骤

将图 10-6 所示图形编辑成图 10-7 所示样式。

图 10-6　编辑多线前图形

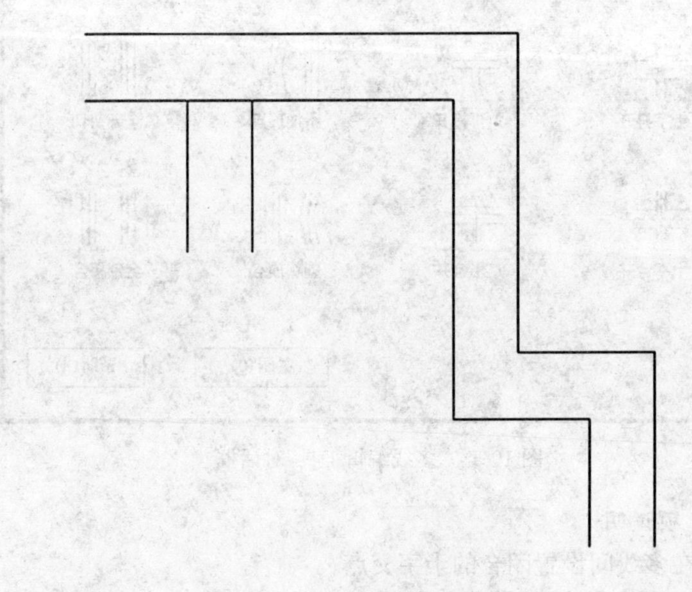

图 10-7　编辑多线后图形

选择“修改”→“对象”→“多线”命令，弹出“多线编辑工具”对话框，单击“T形闭合”工具，依次选择留下的竖直多线和水平多线；再单击“角点结合”工具，选择留下角的两条多线。

有时使用分解命令分解多段线，再使用直线、修剪命令绘制细节部分。

任务二 简单建筑平面图形绘制

绘制图10-8所示建筑平面图。

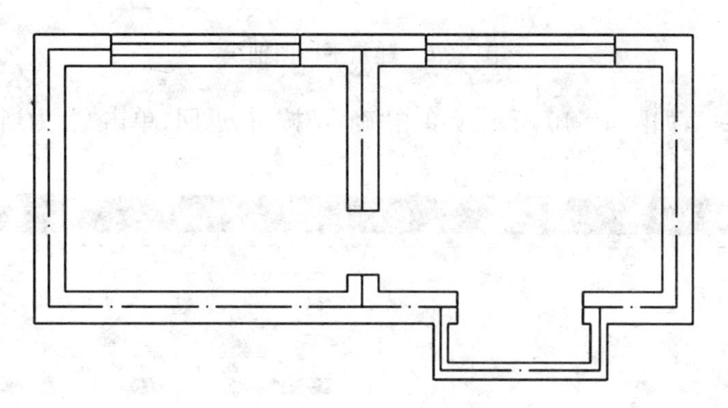

图10-8 建筑平面图

一、设置绘图环境

① 新建图形文件：选择“文件”→“新建”命令，弹出“选择样板”对话框。在对话框中选择“acadiso.dwt”（无样板公制）样板文件，单击“打开”按钮。

② 设置图形界限：选择“格式”→“图形界限(A)”命令，命令行提示如下：

“指定左下角点或[开(ON)/关(OFF)]<0.0000,0.0000>：”

输入OFF，按【Enter】键。

重复选择“格式”→“图形界限(A)”命令，命令行提示如下：

“指定左下角点或[开(ON)/关(OFF)]<0.0000,0.0000>：”

在坐标处单击一点，命令行提示如下：

“指定右上角点<420.0000,297.0000>：”

输入“7000,3000”，按【Enter】键。

用鼠标单击“标准”工具栏中“窗口缩放”按钮下拖至“全部缩放”松开，放大视图。

③ 设置图层：单击“图层对象管理器”按钮，在弹出的对话框中分别新建名为“中心线”，线型是点画线的图层及“细实线”图层。

④ 打开状态栏“极轴”、“对象捕捉”、“对象追踪”，采用默认的捕捉参数。

二、绘制建筑平面图轴线

将当前图层设置为“中心线”层。从对象特性工具栏上的“线型控制”下拉列表中选择“其他”选项，在弹出的“线型管理器”对话框中单击“显示细节”按钮，将“全局比例因子”设为20。绘制图10-9所示的建筑平面图轴线。

三、设置多线样式

选择“格式”→“多线样式”命令，弹出“多线样式”对话框，单击“新建”按钮，输入“新样式名”后，单击“继续”按钮，弹出“新建多线样式”对话框，在“封口”选项组中，起点、端点选

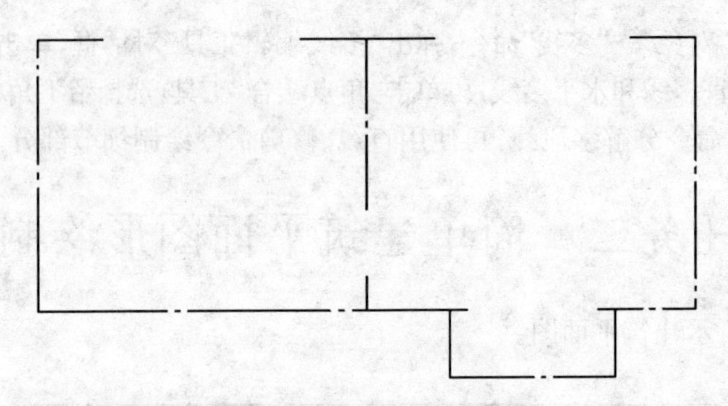

图 10-9　建筑平面图轴线

“直线”;角度选 90°,如图 10-10 所示。单击“确定”按钮,返回,单击“置为当前”按钮,再单击“确定”按钮。

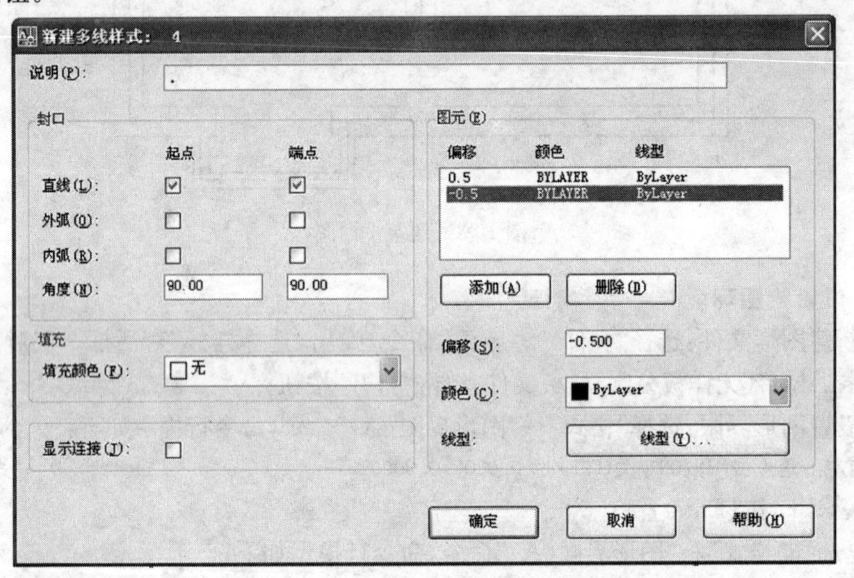

图 10-10　“新建多线样式”对话框

四、绘制多线

(一) 绘制墙体

命令:选择“绘图”→“多线”命令,命令行提示、操作如下:

指定起点或[对正(J)/比例(S)/样式(ST)]:　　//输入 J,↙
输入对正类型[上(T)/无(Z)/下(B)]＜上＞:　　//输入 Z,↙
指定起点或[对正(J)/比例(S)/样式(ST)]:　　//输入 S,↙
输入多线比例:　　//输入 240,↙
指定起点或[对正(J)/比例(S)/样式(ST)]:　　//绘制墙体

(二) 绘制阳台

同上,将比例(S)设为 120,绘制阳台。

(三) 绘制窗

使用偏移命令,在窗口处绘制四条间隔为 80 的平行线。

五、编辑多线

选择“修改”→“对象”→“多线”命令,弹出“多线编辑工具”对话框,单击“T 形合并”工具，编辑多线。效果如图 10-7 所示。

任务三　复杂建筑平面图形绘制

本任务完成绘制图 10-11 所示的住宅楼标准层平面图。

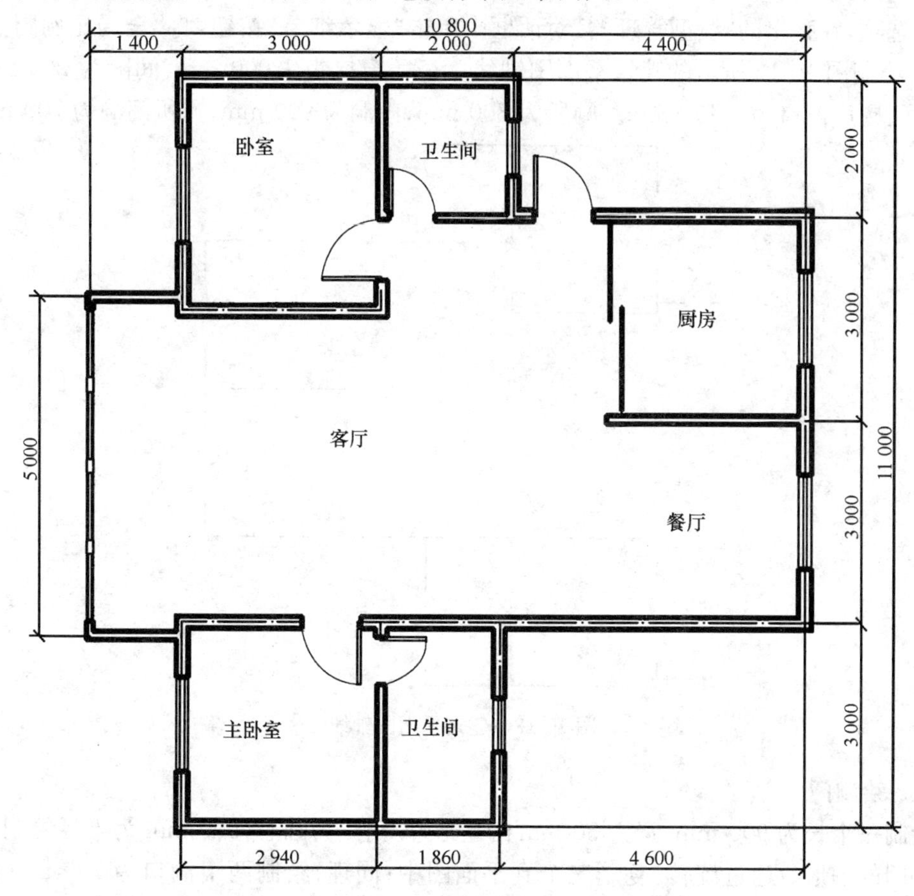

图 10-11　住宅楼标准层平面图

一、设置绘图环境

① 新建图形文件：选择“文件”→“新建”命令，弹出“选择样板”对话框。在对话框中选择“acadiso. dwt”(无样板公制)样板文件，单击“打开”按钮。

② 设置图形界限：选择“格式”→“图形界限(A)”命令，命令行提示如下：

“指定左下角点或[开(ON)/关(OFF)]＜0.0000,0.0000＞：”

输入“OFF”，按【Enter】键。

重复选择“格式”→“图形界限(A)”命令，命令行提示如下：

“指定左下角点或[开(ON)/关(OFF)]＜0.0000,0.0000＞：”

在坐标处单击一点，命令行提示如下：

“指定右上角点＜420.0000,297.0000＞：”

输入“13 000,10 000”，按【Enter】键。

用鼠标单击“标准”工具栏中“窗口缩放”按钮下拖至“全部缩放”松开，放大视图。

③ 设置图层：单击“图层对象管理器”按钮，在弹出的对话框中分别新建名为“轴线”、“墙体”、“门窗”、“尺寸标注”、“注写文本”图层，分别设置颜色、线型、线宽。

④ 打开状态栏“极轴”、“对象捕捉”、“对象追踪”，采用默认的捕捉参数。

二、绘制轴线

将当前图层设置为“轴线”层。并从对象特性工具栏上的“线型控制”下拉列表中选择“其他”选项，在弹出的“线型管理器”对话框中单击“显示细节”按钮，将“全局比例因子”设为 30。绘制图 10-12 所示的建筑平面图轴线。客厅窗口为 1 000 mm，间隔为 200 mm；卧室、餐厅、厨房窗口为 1 400 mm。厕所为 800 mm；门洞为 900 mm，厕所门洞为 700 mm。

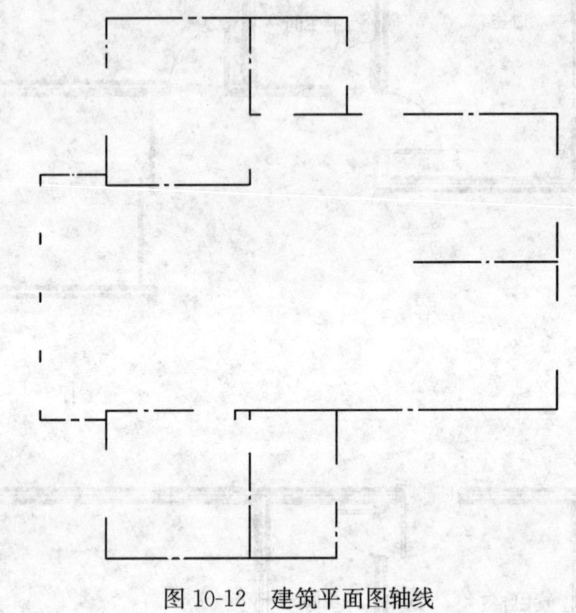

图 10-12　建筑平面图轴线

三、绘制门

绘制一个长为 900 mm，宽为 50 mm 的矩形，以角点为圆心，900 mm 为半径绘制圆，修剪后得门的图形。通过旋转、复制三个到平面图中；同理，绘制两个洞口为 700 mm 的门。绘制两条直线为推拉门，效果如图 10-13 所示。

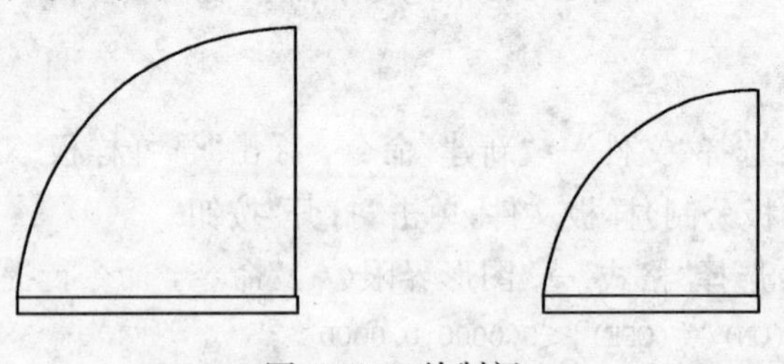

图 10-13　绘制门

四、绘制墙体

① 设置多线样式：同任务二。

② 绘制墙体：外墙用 180 mm 两条平行线沿轴线绘制，多线比例设为 180；内墙、阳台用 120 mm 两条平行线沿轴线绘制，多线比例设为 120。

③ 编辑多线：墙体绘制后，选择“修改”→“对象”→“多线”命令，使用“T 形打开”、“角点结合”编辑工具进行修改。效果如图 10-14 所示。

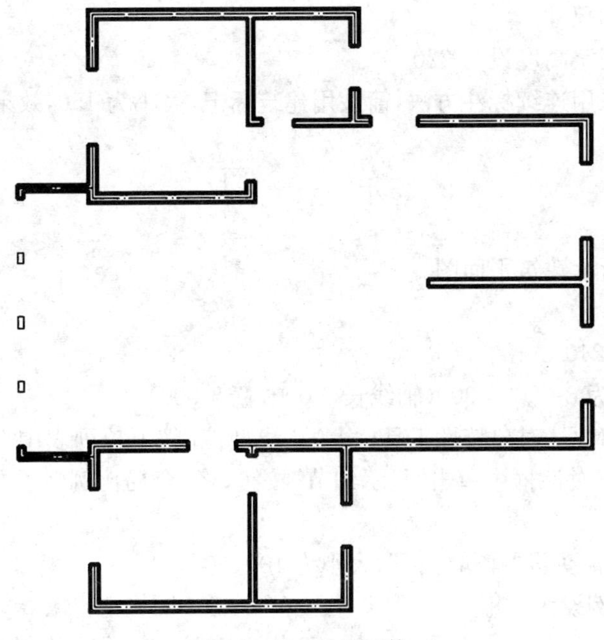

图 10-14　绘制墙体

五、绘制窗

使用偏移命令，在窗口处分别绘制四条分别间隔为 60 和 40 的平行线。

将门插入墙体中，矩形最下角点与墙体轴线重合，如图 10-15 所示。

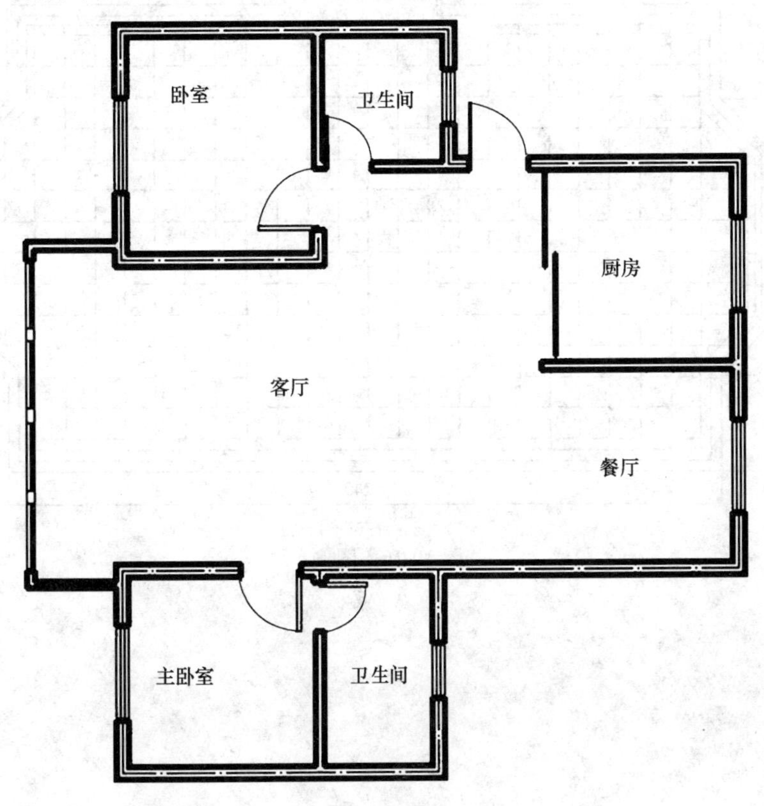

图 10-15　绘制门窗

六、标注文本和尺寸

① 注写文本:文字高度设为 220。

② 标注尺寸:采用连续标注方法,箭头用建筑标记,大小为 150,效果如图 10-11 所示。

练　　习

绘制图 10-16 所示建筑平面图。

绘制步骤如下:

① 墙体厚度为 240 mm。

② 图形界限设为 8 000,5 000(轴线长 8 000,宽 5 000)。

③ 设置点画线时,从对象特性工具栏上的“线型控制”下拉列表中选择“其他”选项,在弹出的“线型管理器”对话框中单击“显示细节”按钮,将“全局比例因子” 设为 20,多线比例设为 240。

④ 字高设 150,箭头设“建筑标记”,大小为 100。

⑤ 图案填充比例设为 50。

⑥ 细节部分可使用分解命令分解墙体,再使用直线、修剪命令绘制。

⑦ 图中标注的 1 070 和 650 所对应的轴线分别为 1 000 和 600。

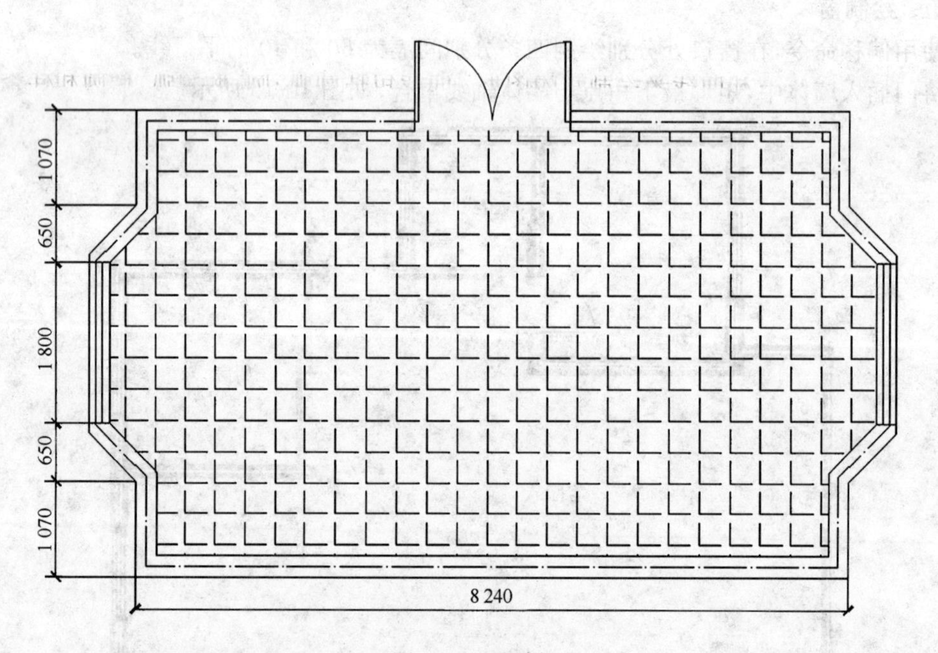

图 10-16　图例

项目十一　三维造型的生成

• **项目引言**

AutoCAD 2007 着力于三维建模，有着完善的三维造型工具。本项目主要学习三维造型的生成以及相关命令的运用。

• **学习目标**

1. 熟悉面域的创建及布尔运算。
2. 掌握三维基本实体的创建及编辑。
3. 了解三维图形的简单尺寸标注。

任务一　面域的创建与规则图形的绘制

面域是用闭合的形状或环创建的二维区域，是一个由线生成面的过程。创建面域的常用命令方式是，单击绘图工具栏中的按钮。

一、绘制封闭图形

用多段线、直线和曲线来绘制封闭图形。曲线包括圆弧、圆、椭圆弧、椭圆和样条曲线。所绘图形必须是闭合的。面域的边界必须由端点相连的曲线组成，曲线上的每个端点仅连接两条边。当所绘图形中有自交曲线，或者不封闭，是无法创建面域的。图 11-1 所示为不闭合和自交无法创建面域。

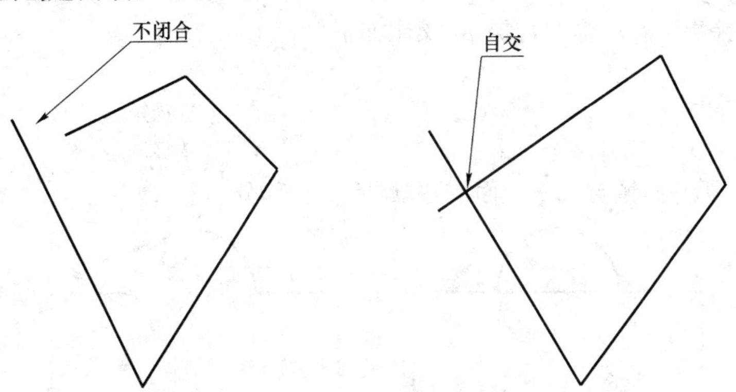

图 11-1　不闭合和自交的图形

一些规则图形，例如，圆、椭圆、多边形等是闭合图形，可以直接创建成面域。

二、面域的创建

通过前述方法绘制封闭图形后，我们就可以进行面域操作了。将图 11-2 所示图形创建成面域。单击绘图工具栏中按钮，命令行提示、操作如下：

命令：_region

选择对象：　　　　　　　　　　　　// 选择三角形的一条边

选择对象： // 选择三角形的第二条边

选择对象： // 选择三角形的第三条边，↙

提取 1 个环。

已创建 1 个面域。

如果面域没有创建成功，命令提示行提示：

已提取 0 个环。

已创建 0 个面域。

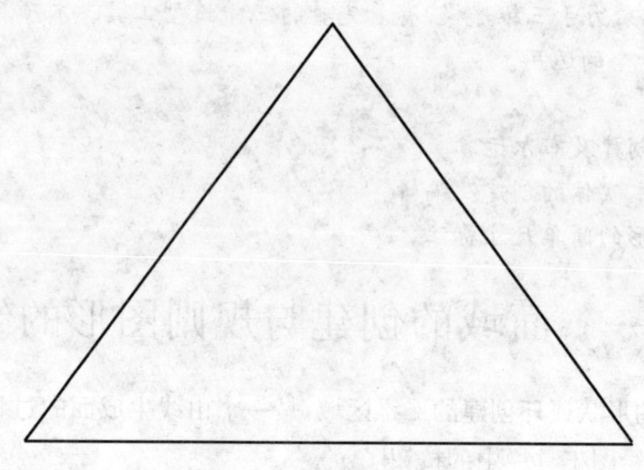

图 11-2 创建面域图形

三、布尔运算

布尔运算分为并集运算、差集运算和交集运算。常用命令是选择"修改"→"实体编辑"→"并集"或"差集"或"交集"。

① 并集运算，如图 11-3 所示。先将圆与长方形分别创建成面域。选择菜单"修改"→"实体编辑"→"并集"命令，命令行提示、操作如下：

命令：_union

选择对象：找到 1 个 //选择矩形

选择对象：找到 1 个，总计 2 个 //选择圆 ↙

并集后会使所并面域合成一个面域，并删除重合部分。

图 11-3 并集命令执行前后

② 差集运算，如图 11-4 所示。先将圆与长方形分别创建成面域。选择"修改"→"实体编辑"→"差集"命令，命令行提示、操作如下：

命令：_union

选择对象：找到 1 个 // 选择矩形

选择对象： // ↙

选择要减去的实体或面域　　　　　　　　　　　　　　// 选择圆↙

差集后会从先选的面域中删除后选的面域。

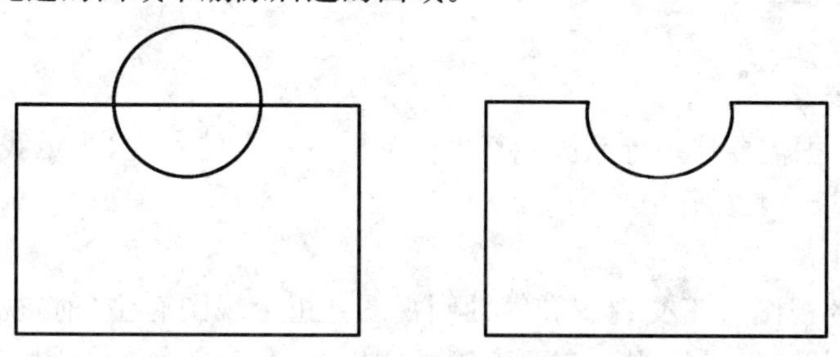

图 11-4　差集命令执行前后

③ 交集运算，如图 11-5 所示。先将圆与长方形分别创建成面域。选择"修改"→"实体编辑"→"交集"命令，命令行提示、操作如下：

命令：_union

选择对象：找到 1 个　　　　　　　　　　　　　　// 选择矩形

选择对象：找到 1 个，总计 2 个　　　　　　　　// 选择圆↙

交集从两个或两个以上重叠实体的公共部分创建复合实体或者面域。

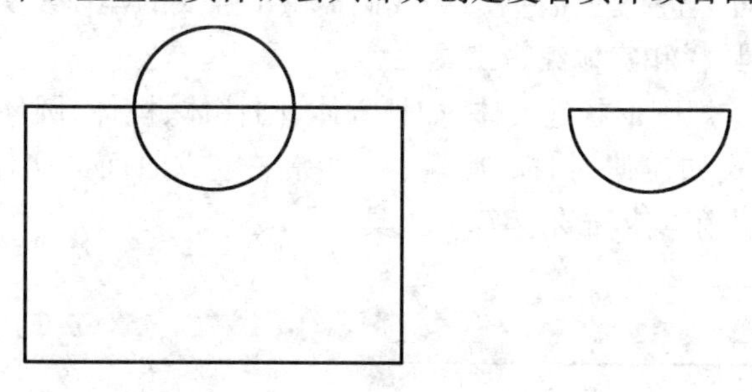

图 11-5　交集命令执行前后

任务二　三维中的用户坐标系与视图

AutoCAD 2007 命令只能在平面 *XOY* 内执行，因此需要利用用户坐标系来调整绘图平面。

一、了解用户坐标系

用户坐标系是可移动坐标系，默认情况下与世界坐标系重合的。我们对用户坐标系可进行新建、移动、旋转等操作。

（一）新建坐标系

新建坐标系是指在绘图区域根据我们的绘图平面方便设立新的用户坐标系。其操作方法是，选择"工具"→"新建 UCS"命令，单击 UCS 工具栏新建图标，如图 11-6 所示。

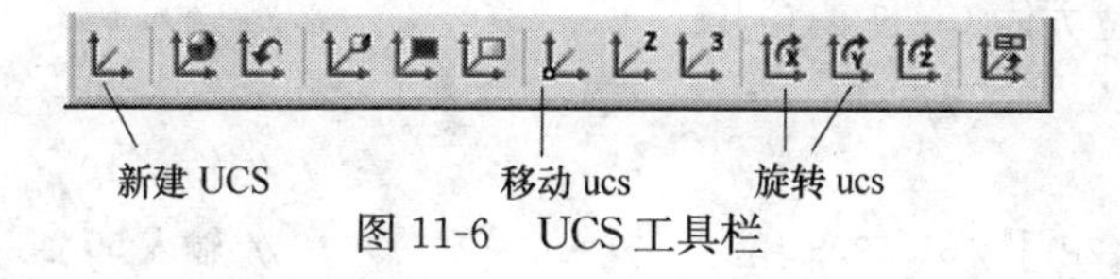

图 11-6　UCS 工具栏

（二）移动坐标系

移动坐标系是把坐标系移动到我们需要的位置，以便于绘图参考。其操作方式与新建坐标系相同。

（三）旋转坐标系

旋转坐标系根据需要让坐标系围绕某坐标轴旋转一定的角度，满足我们在相应平面进行绘图、编辑的要求。其操作方式同前。

二、了解视图

我们常用到的视图有正交视图和等轴侧视图。正交视图有主（前）视图、俯视图、仰视图、左视图、右视图等；等轴测视图有西南等轴侧视图、东南等轴侧视图、东北等轴侧视图、西北等轴测视图等。这些视图可以通过不同角度来观察绘制的图形，也可以利用视图命令对图形进行编辑。不管切换到任何一个正交视图，系统都会将该视图平面视为 *XY* 平面，这有利于我们在该平面内进行编辑。

任务三　基本实体的创建与编辑

AutoCAD 2007 可以进行三维建模，为我们提供了强大的建模及实体编辑工具。

一、了解建模工具栏和实体编辑工具栏

建模指创建有一定规则形状的实体，如长方体、圆柱体、楔体、圆环体等，或者把一些图形对象按照一定的方式如拉伸、扫掠、旋转、放样等来生成曲面或实体。“建模”工具栏如图 11-7所示。也是提供了实体布尔运算的工具。

图 11-7　“建模”工具栏

实体编辑工具栏提供了布尔运算、移动面、旋转面、复制面、着色面、复制边、着色边等工具，使我们按需要对实体进行操作。“实体编辑”工作栏如图 11-8 所示。

图 11-8　“实体编辑”工具栏

二、常用几种建模与实体编辑

① 创建长方体。创建长为 20、宽为 10、高为 50 的长方体。单击“建模”工具栏长方体图标，命令行提示、操作如下：

```
命令：_box
指定第一个角点或［中心(C)］：                // 单击一点
指定其他角点或［立方体(C)/长度(L)］：         // 输入 L↙
指定长度：                                   // 输入 20↙
指定宽度：                                   // 输入 10↙
指定高度或［两点(2P)］<81.5908>：            // 输入 50↙
```

创建任何一种模型方法都不是唯一的，操作熟练之后会又快又准确。

② 创建圆柱体。创建底面半径为 50、高为 80 的圆柱体。单击"建模"工具栏中圆柱体图标，命令行提示、操作如下：

命令：_cylinder

指定底面的中心点或［三点(3P)/两点(2P)/相切、相切、半径(T)］：//单击一点

指定底面半径或[直径(D)]：　　//输入 50↙

指定高度或[两点(2P)/轴端点(A)]＜50.0000＞：　　//输入 80↙

采用拉伸、扫掠以及放样的办法也可以绘制长方体、圆柱体，以及更复杂的实体。

③ 拉伸。拉伸可以把曲线、平面按照一定的路径和方向拉伸成平面或实体。我们常使用这个命令将二维平面图形生成三维模型。图 11-9 所示为由平面图形拉伸成的实体。单击建模工具栏拉伸图标，命令行提示、操作如下：

命令：extrude

当前线框密度：ISOLINES = 4

选择要拉伸的对象：　　// 选择平面图形

指定拉伸的高度或［方向(D)/路径(P)/倾斜角(T)］＜291.9845＞：//输入 20↙

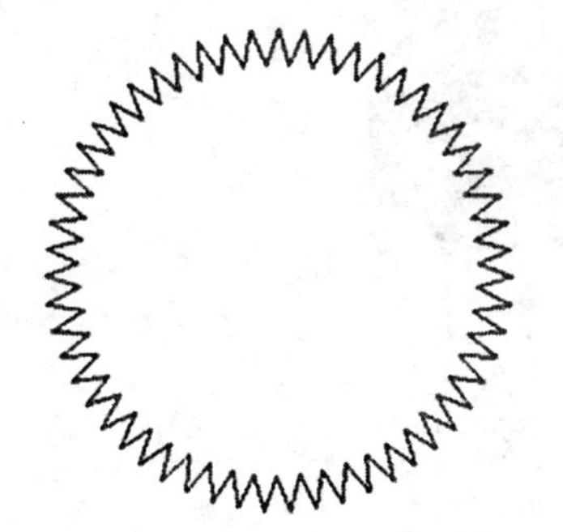

图 11-9　平面图形拉伸成立体

④ 旋转。旋转可以把曲线旋转成回转曲面，也可以把曲面旋转成回转体。被旋转的图形对象必须在旋转轴的单侧。如图 11-10 所示为由平面旋转生成的实体。单击建模工具栏旋转图标，命令行提示、操作如下：

当前线框密度：ISOLINES = 4

选择要旋转的对象：找到一个　　// 选择旋转对象，↙

指定轴起点或根据以下选项之一定义轴［对象(O)/X/Y/Z］＜对象＞：

// 单击直线一端点

指定轴端点：　　// 单击直线另一端点

指定旋转角度或[起点角度(ST)]＜360＞：　　// ↙

⑤ 扫掠。扫掠是将二维图形沿着扫掠路径生成三维实体。该实体的每一个截面都与扫掠平面相同。图 11-11 所示为由平面扫掠生成的实体。单击建模工具栏扫掠图标，命令行提示、操作如下：

命令：_sweep

当前线框密度：ISOLINES = 4

选择要扫掠的对象：找到 1 个　　//选择小圆，↙

选择扫掠路径或［对齐(A)/基点(B)/比例(S)/扭曲(T)］：　　//选择螺旋线

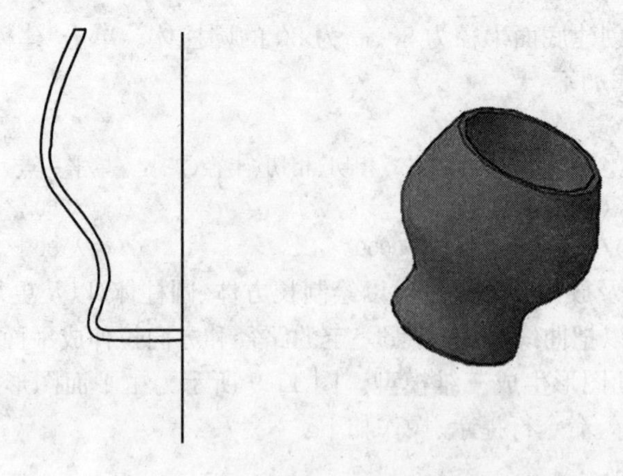

图 11-10　平面图形旋转生成三维图形

图 11-11　扫掠生成三维图形

任务四　绘制水瓶

矿泉水瓶的绘制就用到了旋转、扫略、拉伸、布尔运算等。

一、绘制平面图

利用平面编辑命令，绘制瓶身半剖图，并创建面域，如图 11-12 所示。

二、旋转

以瓶身半剖线为轴，旋转 360°，旋转后可得瓶身实体，如图 11-13 所示。

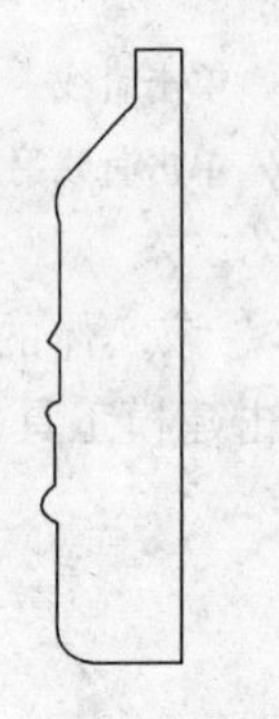

图 11-12　半瓶身图

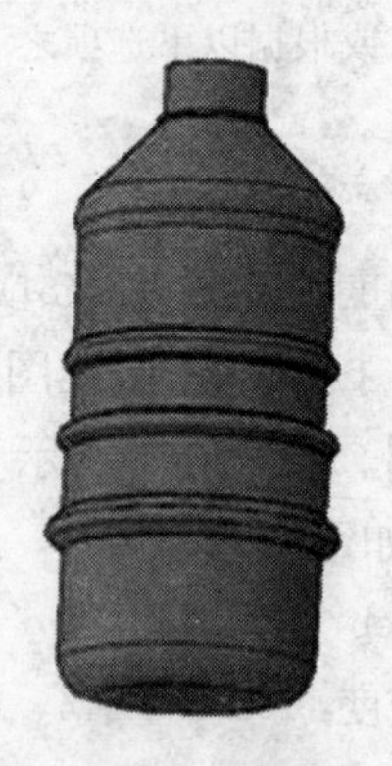

图 11-13　旋转后得到的瓶身实体

三、绘制瓶口螺纹

瓶口螺纹应采用绘制螺旋线为扫掠路径，采用扫掠的方式绘制。

① 绘制螺旋线。单击建模工具栏螺旋图标。命令行提示、操作如下：

命令：_Helix
圈数 = 3.000 扭曲 = CCW
指定底面的中心点：　　// 单击一点
指定底面半径或［直径(D)］<20.0000>：　　// 输入 21 ↙
指定顶面半径或［直径(D)］<21.0000>：　　// ↙
指定螺旋高度或［轴端点(A)/圈数(T)/圈高(H)/扭曲(W)］<6.0000>：// 输入 h ↙
指定圈间距 <2.0000>：　　// 输入 3 ↙
指定螺旋高度或［轴端点(A)/圈数(T)/圈高(H)/扭曲(W)］<6.0000>：// 输入 15 ↙

② 扫掠生成螺纹。绘制半径为 1 的小圆。单击建模工具栏扫掠图标。命令行提示、操作如下：

命令：_sweep
当前线框密度：ISOLINES = 4
选择要扫掠的对象：找到 1 个　　//选小圆 ↙
选择扫掠路径或［对齐(A)/基点(B)/比例(S)/扭曲(T)］：　　//选螺旋线

③ 螺纹与瓶身并集。以顶面圆圆心为基点移动螺纹到瓶口，并将该螺纹与瓶身做并集运算，操作后瓶口局部如图 11-14 所示。

④ 绘制瓶盖。瓶盖绘制采用拉伸方式，然后结合瓶口进行布尔运算。先绘制如图 11-9 边缘带防滚压尖角图形，面域后拉伸，然后移动到瓶口，进行差集运算。单击拉伸图标，命令行提示、操作如下：

命令：_extrude
当前线框密度：ISOLINES = 4
选择要拉伸的对象：找到 1 个　　//选择要拉伸的平面
指定拉伸的高度或［方向(D)/路径(P)/倾斜角(T)］<20.0000>：　　//↙

移动拉伸后的实体到瓶口，将实体与瓶口进行差集运算，得到的实体如图 11-15 所示。

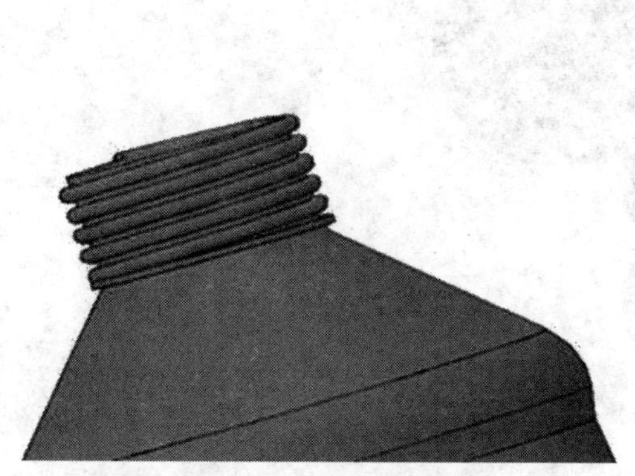

图 11-14　瓶口螺纹

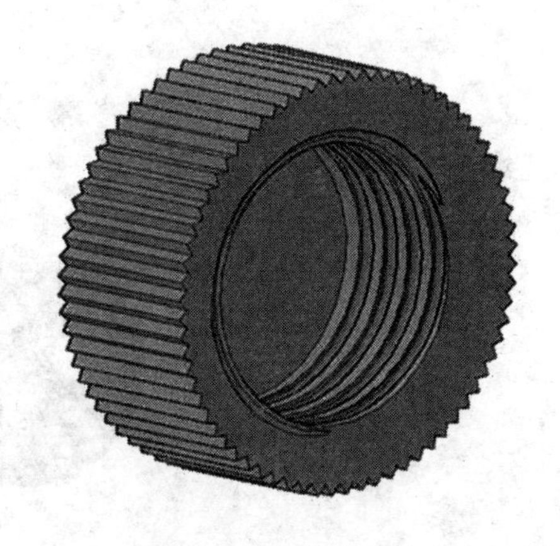

图 11-15　瓶盖

任务五　三维图形的简单尺寸标注

三维图形标注与二维类似。要注意的是标注只在平面 XOY 内进行。因此，必须调整坐标系进行标注，如图 11-16 所示。具体操作如下：

① 新建坐标系，将平面 XOY 放在底面。标注底面线性尺寸 60 和 40。

② 新建坐标系，将平面 XOY 放在前面。标注前面线性尺寸 50。

③ 移动坐标系至孔圆心，标注孔直径 20 和外壁直径 32 及引线 $R2$。

④ 新建坐标系，将平面 XOY 放在倒角面上，用手动标注尺寸数值 14。

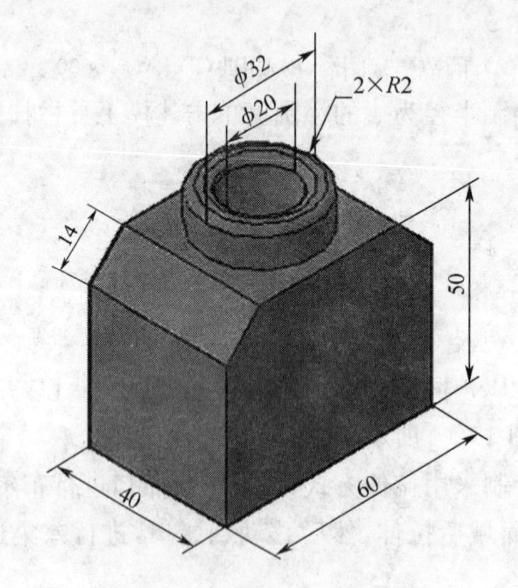

图 11-16　三维图形尺寸标注

练　　习

1. 利用建模工具栏创建长方体、圆柱体、楔体、球体、圆环体。
2. 利用布尔运算创建图 11-17 所示哑铃。

图 11-17　图例

项目十二　图形的输入/输出

• 项目引言

一般使用 AutoCAD 2007 时，在模型空间绘制好图形，在布局中进行打印设置，利用打印机或绘图仪输出图样。也允许输入/输出其他格式文件。

• 学习目标

1. 掌握利用布局打印图形文件。
2. 熟悉 AutoCAD 2007 文件输入输出格式。

任务一　输入/输出

在模型或图纸空间都可以进行打印设置和输出图样。

本任务完成图形的输入/输出。

一、打印设置

（一）常用命令方式

① 菜单栏：选择“文件”→“打印” 命令。

② 工具栏：单击标准工具栏图标。

③ 在模型或布局选项卡上右击，在弹出的快捷菜单中选择“打印”选项。执行打印命令后，弹出图 12-1 所示的对话框。

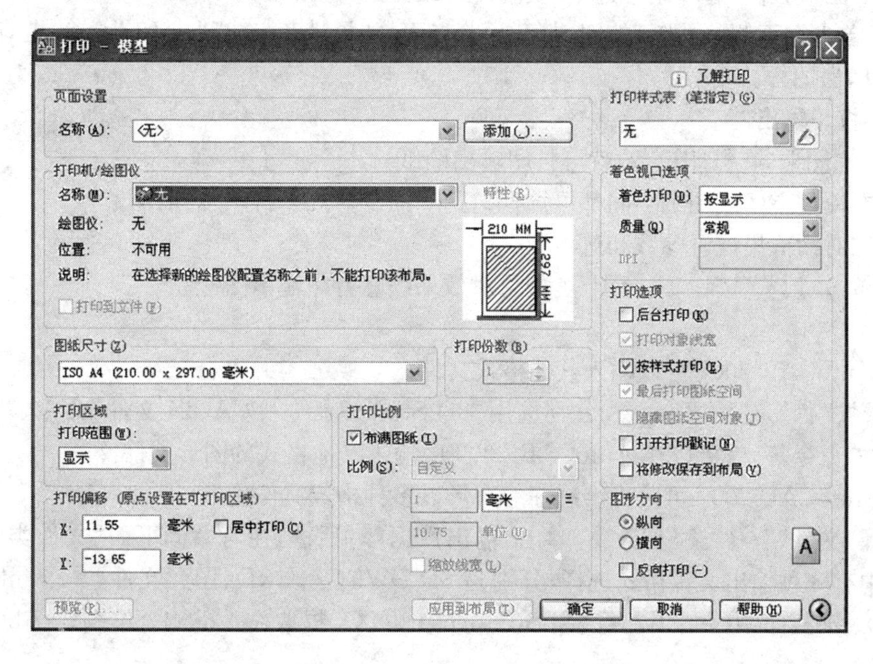

图 12-1　“打印一模型”对话框

(二)对话框常用选项

(1) 在对话框中单击“添加”按钮,弹出图 12-2 所示的对话框。输入新页面设置名后,单击“确定”按钮,保存本次页面设置,以后直接使用。

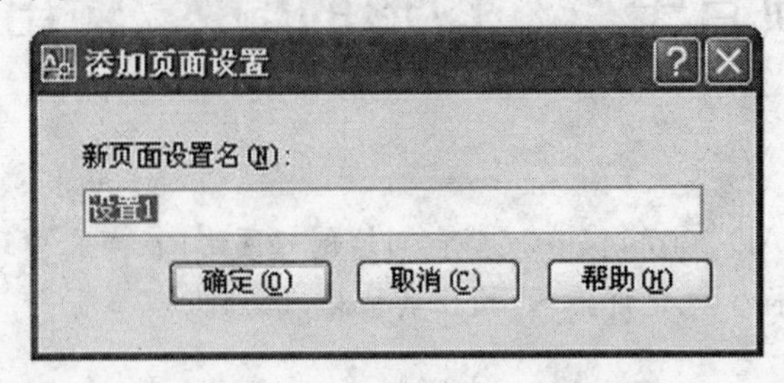

图 12-2 “添加页面设置”对话框

(2) “打印机/绘图仪”选项组:选择打印机名称,选择图 12-3 所示的 Lenovo LJ6000。

(3) “图纸尺寸”选项中选图纸大小(选 A4),图纸尺寸取决于打印设备。

(4) “打印范围”选项如下:

① 显示:打印“模型”选项卡的当前视口中视图或布局选项卡中当前图纸空间视图。

② 窗口:打印图形任何部分。

③ 范围 :打印含图形的部分当前空间。

④ 图形界限或布局:打印“模型”选项卡时,打印栅格界限内的区域;打印布局时,打印布局里虚线框内的图形,原点从布局中(0,0)点计算得出。

(5) “打印比例”选项组件选中“布满图纸”复选框。

(6) “打印选项”和“打印样式表”选项组中选默认设置。

(7) “打印偏移”选项组件选中“居中打印”复选框。

(8) “图形方向”选项组中选中“横向”或“纵向”单选按钮。

(9) 单击左下侧“ 预览 ”按钮,打开预览界面,如果满意,选择“ 打印 ”命令,打印机开始工作,打印出图样。

二、打印输出

绘制完图形,有打印设备,就可打印输出图纸。

① 在模型空间或图纸空间都可选择“打印”命令,弹出“打印”对话框。

② 在对话框里设置参数和选项。

③ 单击“预览”按钮,进行预览,如果对效果满意打印输出图样。

提示:

① AutoCAD 2007 可以输入其他格式文件。

选择“文件”→“插入”命令,分别选用“3D Studio”命令 、“ ACIS 文件”命令、“Window 图元文件”命令等,就可以在 AutoCAD 2007 中输入其他格式的图形文件。

② AutoCAD 2007 可以将绘制好的图形以多种格式文件输出。

选择“文件””→““输出”命令,弹出“输出数据”对话框,在对话框下面“文件类型”下拉列表框中有 8 种输出文件格式选择,分别是 3D DWF(*. dwf)、图元文件(*. wmf)、ACIS (*. sat)、平板印刷(*. stl)、封装 PS(*. eps) 、DXX 提取(*. dxx)、位图(*. bmp)、块(*. dwg)。

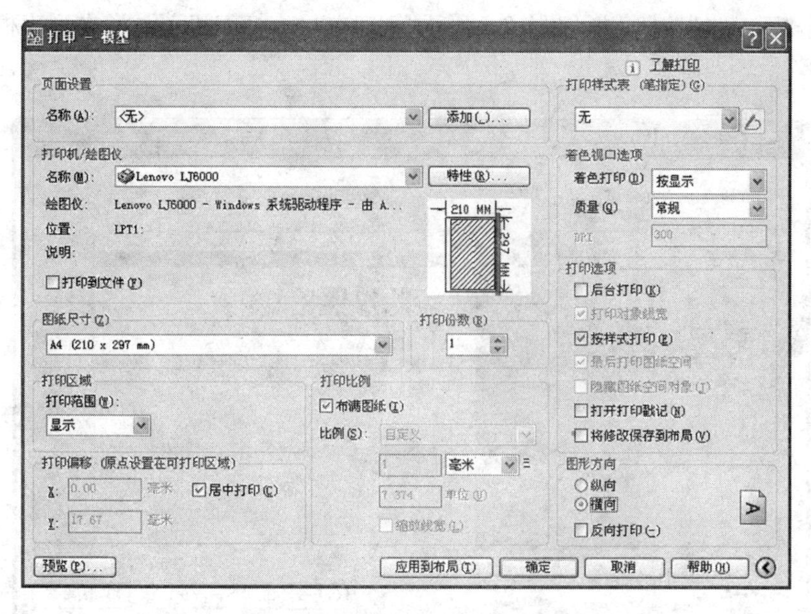

图 12-3　设置后的“打印—模型”对话框

任务二　从图纸空间打印文件

图纸空间由布局选项卡提供，一个布局选项卡代表一张图纸，视觉上近于打印效果。

本任务需在布局选项卡中布置图形，要求图形边框、标题栏，几个图形位置关系都在布局中完成。打印输出图纸。

一、布局的创建

（一）利用“创建布局”向导进行布局的创建

① 选择“工具”→“向导”→“创建布局”命令，弹出图 12-4 所示“创建布局－开始”对话框。在对话框中输入新建布局名称，默认为“布局 3”。

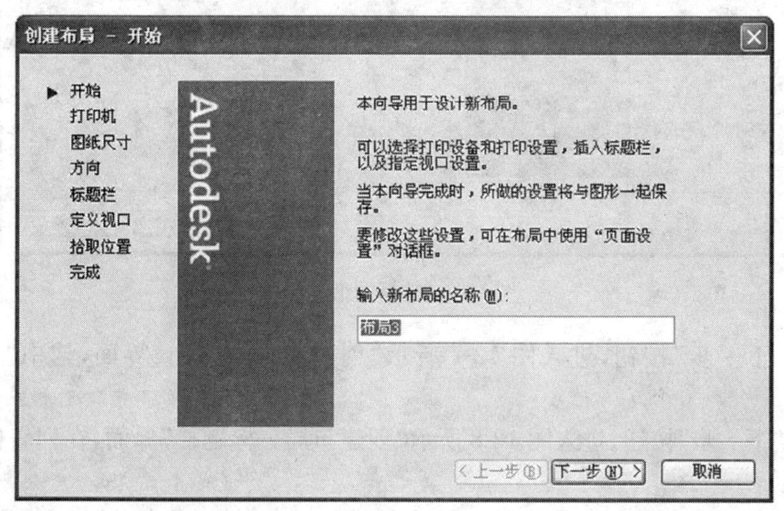

图 12-4　“创建布局-开始”对话框

② 单击“下一步”按钮，进入图 12-5 所示“创建布局—打印机”界面，在列表框中选择一种打印机。

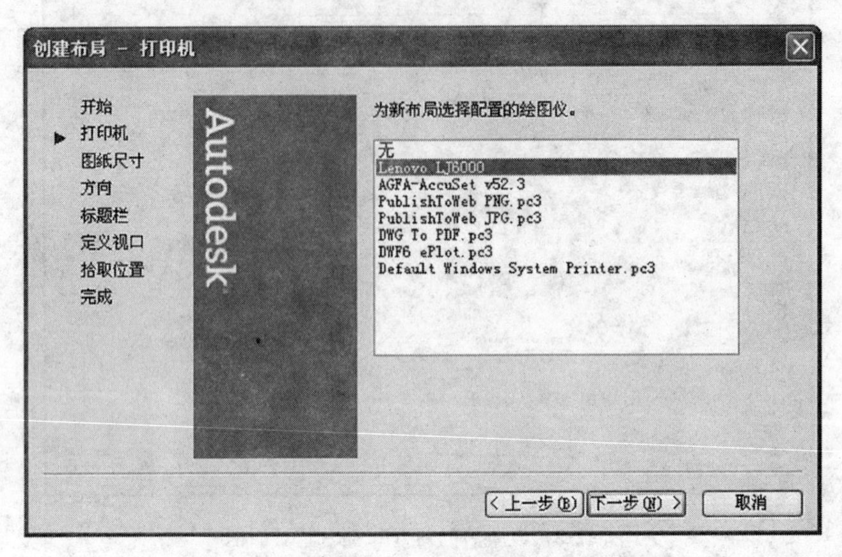

图 12-5　设置打印机

③ 单击“下一步”按钮，进入图 12-6 所示“创建布局—图纸尺寸” 界面，在列表框中选图纸尺寸(A3)，在“图形单位”选项组中选中“毫米”单选按钮。

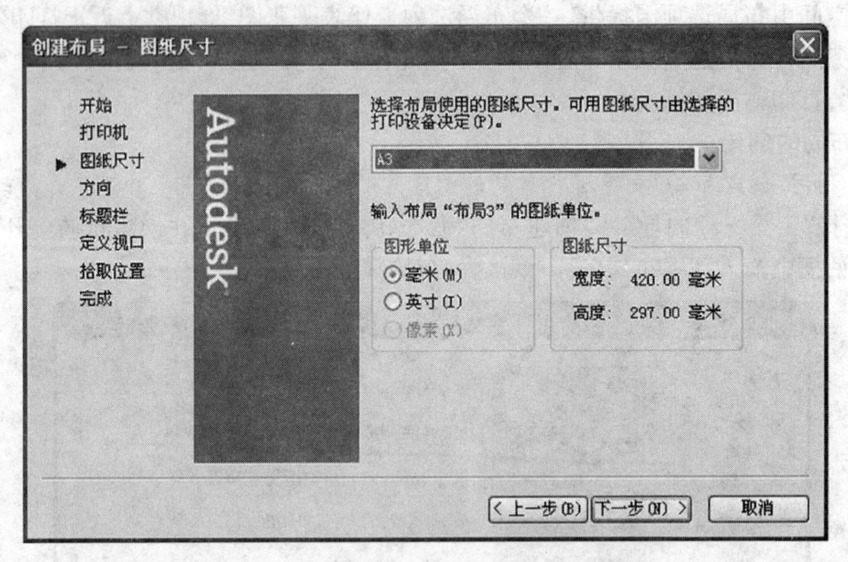

图 12-6　选择图纸尺寸

④ 单击“下一步”按钮，进入图 12-7 所示“创建布局—方向”界面，选中“横向”单选按钮。

⑤ 单击“下一步”按钮，进入图 12-8 所示“创建布局—标题栏”界面，在列表框中选 ISO A3 的标题栏。

⑥ 单击“下一步”按钮，进入图 12-9 所示“创建布局—定义视口”界面，选视口形式(单个)和比例(按图纸空间缩放)。

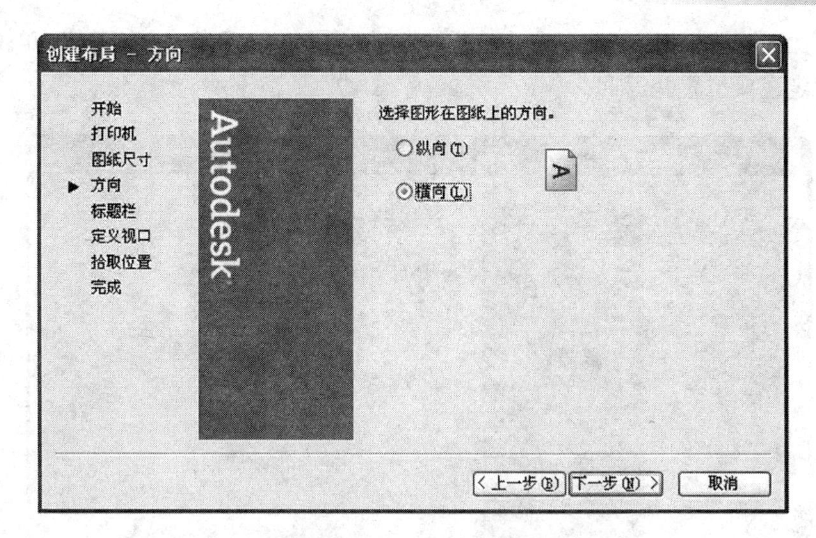

图 12-7　选择方向

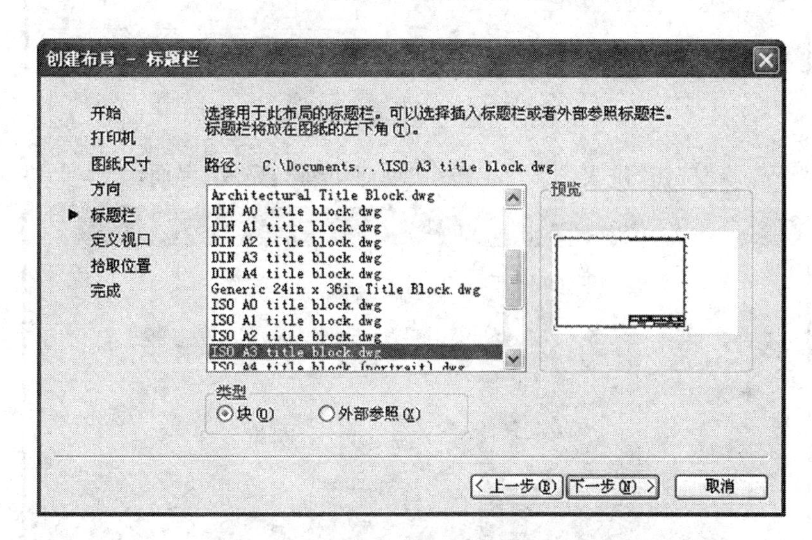

图 12-8　设置标题栏

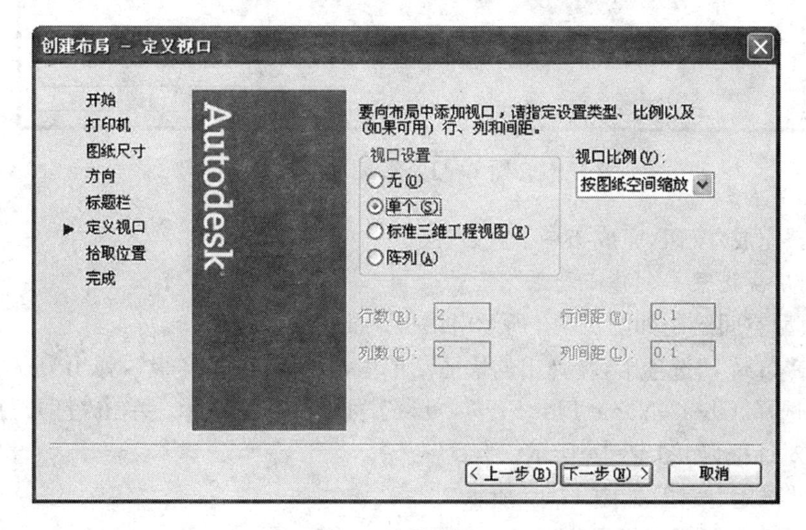

图 12-9　设置视口

⑦ 单击“下一步”按钮，进入图 12-10 所示“创建布局—拾取位置”界面，单击“选择位置”按钮，指定视口位置并返回。

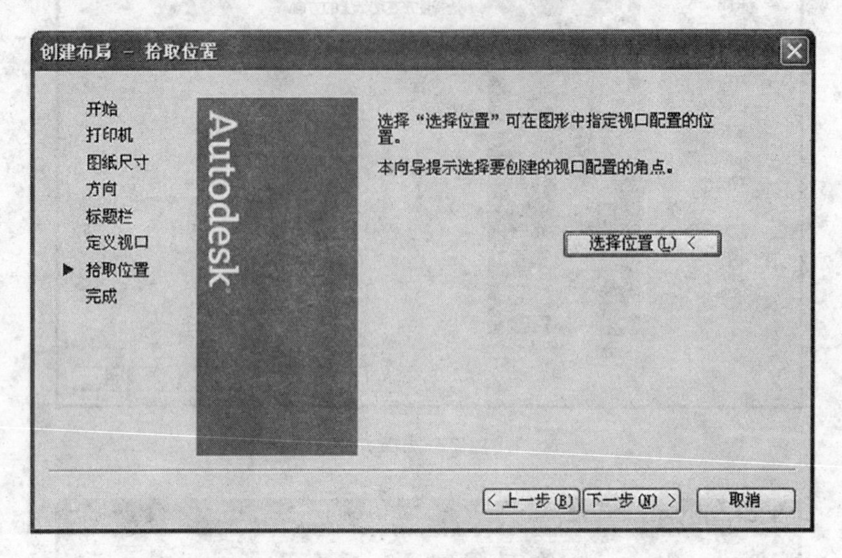

图 12-10　拾取位置

⑧单击“下一步”按钮，进入图 12-11 所示“创建布局—完成”界面。

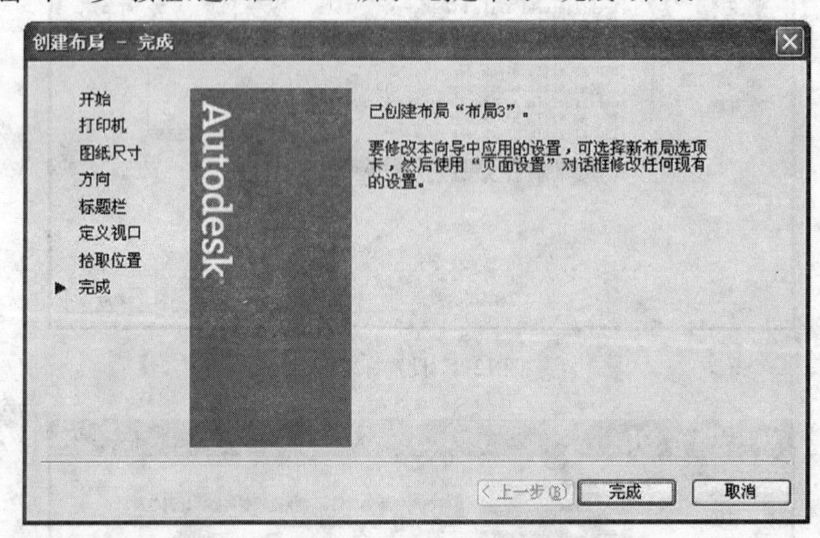

图 12-11　完成操作

⑨ 单击“完成”按钮，完成布局设置。

（二）利用快捷菜单创建布局

① 在模型空间绘制如图 12-12 所示电话机平面图形。.

② 右击“布局 1”选项卡，在弹出的快捷菜单里，选择“来自样板”，弹出“从文件选择样板”对话框，选择“Gb-a3-Name Plot Styles. dwt”，如图 12-13 所示。单击“打开”按钮，弹出“插入布局”对话框，如图 12-14 所示。

③ 单击“确定”按钮，如图 12-15 所示。

④ 单击新建“Gb A3 标题栏”布局，如图 12-16 所示。

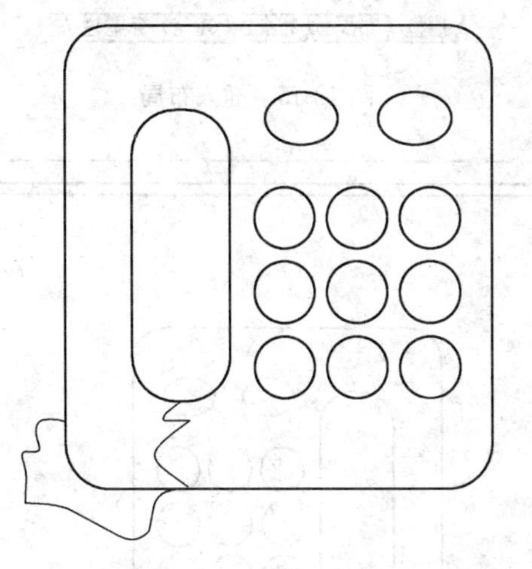

图 12-12　电话机平面图

图 12-13　“从文件选择样板”对话框

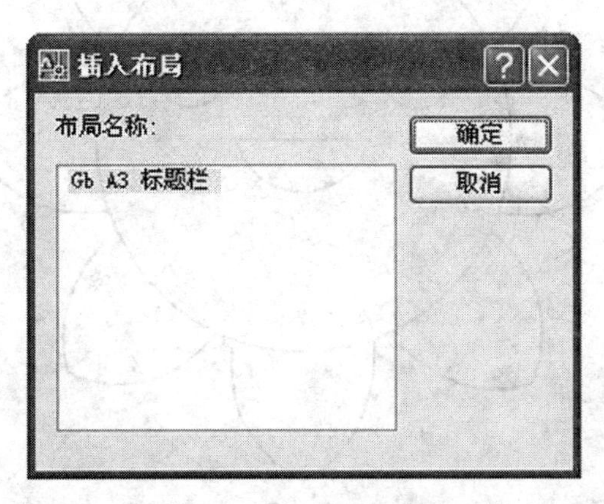

图 12-14　“插入布局”对话框

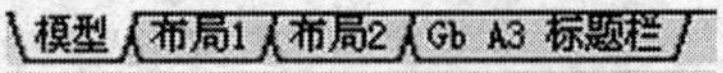

模型 布局1 布局2 Gb A3 标题栏

图 12-15　插入布局

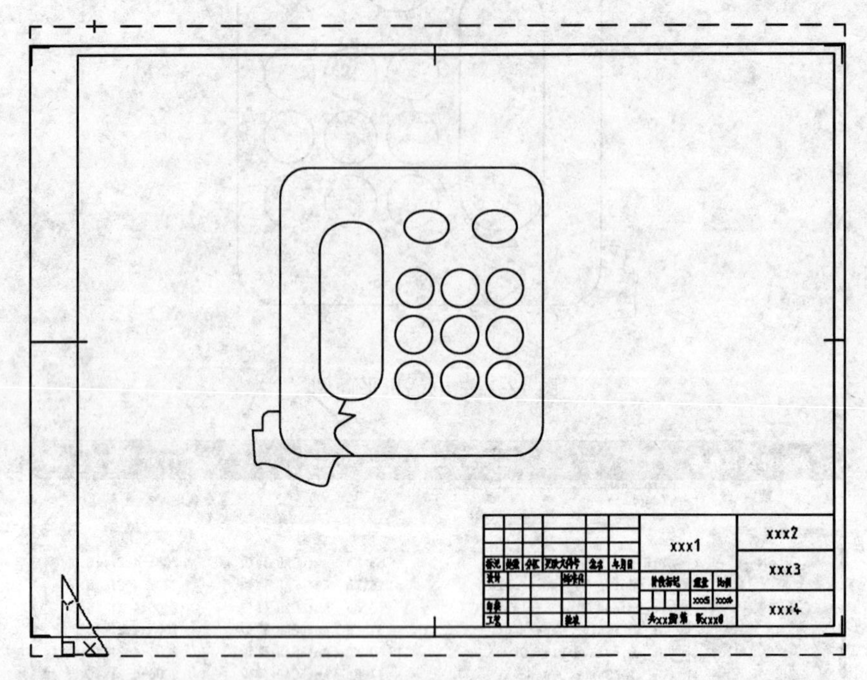

图 12-16　插入布局后

分解布局,编辑需要的标题栏,完成布局创建。

二 、从图纸空间快速打印文件

① 在模型空间里绘制好图形（或打开需要打印的图形）笑脸,如图 12-17 所示。

图 12-17　笑脸

② 单击绘图窗口下方“布局 1”选项卡，进入图纸空间，如图 12-18 所示。

图 12-18　图纸空间图形

③ 右击“布局 1”选项卡，在弹出的快捷菜单中选择“ 打印 ”命令，弹出“打印—布局 1”对话框，各选项参数设置如图 12-19 所示。

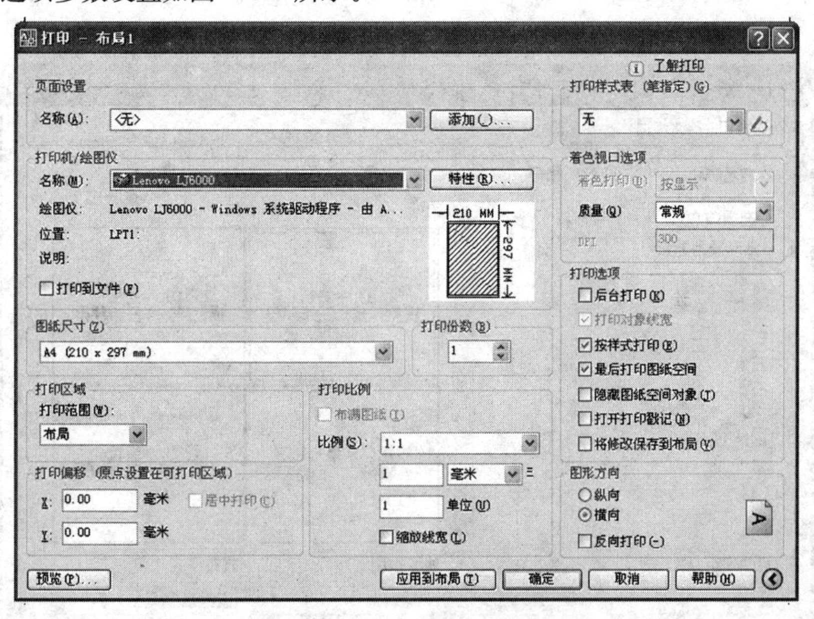

图 12-19　“打印—布局 1”对话框

④ 单击左下侧“ 预览 ”按钮，会出现预览界面。如果满意，右击，在弹出的快捷菜单中选择“ 打印 ”命令，打印机开始工作，打印出图样。

拓展：快速构造三维模型的多视图。

① 在模型空间里创建三维模型（或打开三维模型文件），如图 12-20 所示。

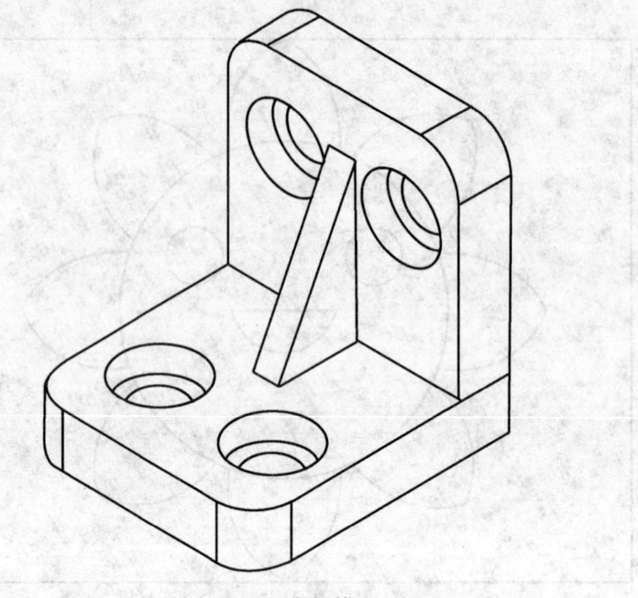

图 12-20　支架模型

② 建立一个新图层设为当前层。

③ 打开“布局 1”选项卡。

④ 删除图中实线框。

⑤ 在菜单栏选择“视图”→“视口”→“新建视口”命令，弹出如图 12-21 所示的“视口”对话框。

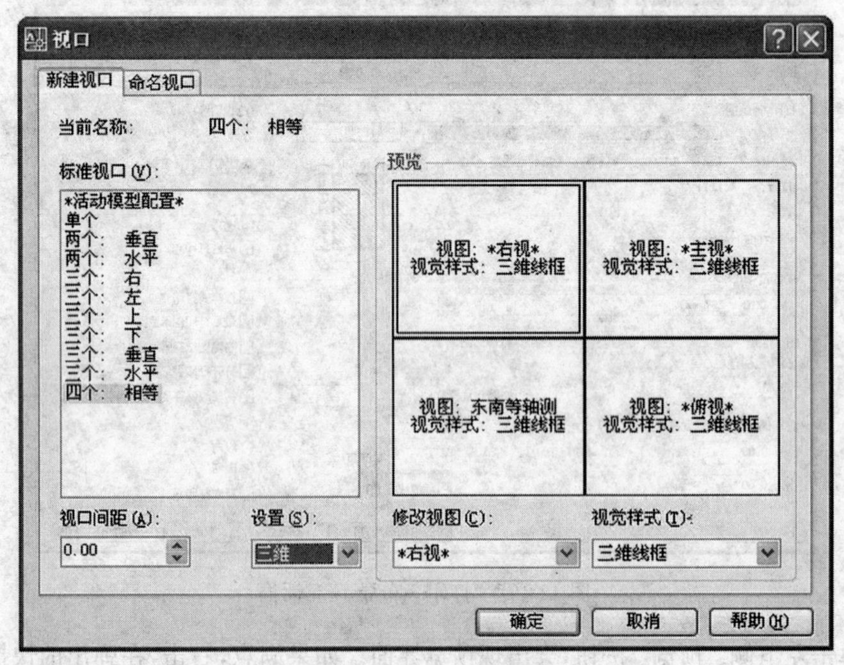

图 12-21　“视口”对话框

⑥ 在“标准视口”列表框中选“四个:相等”,在“设置”下拉列表框中选“三维”。

⑦ 先单击对话框“预览”栏的左上视图,然后在下面的“修改视图”列表栏里选“主视”。

⑧ 分别将“预览”栏的右边视图修改成“左视图”,下面两个视图修改成“俯视”和“西南等轴测”,如图 12-22 所示。

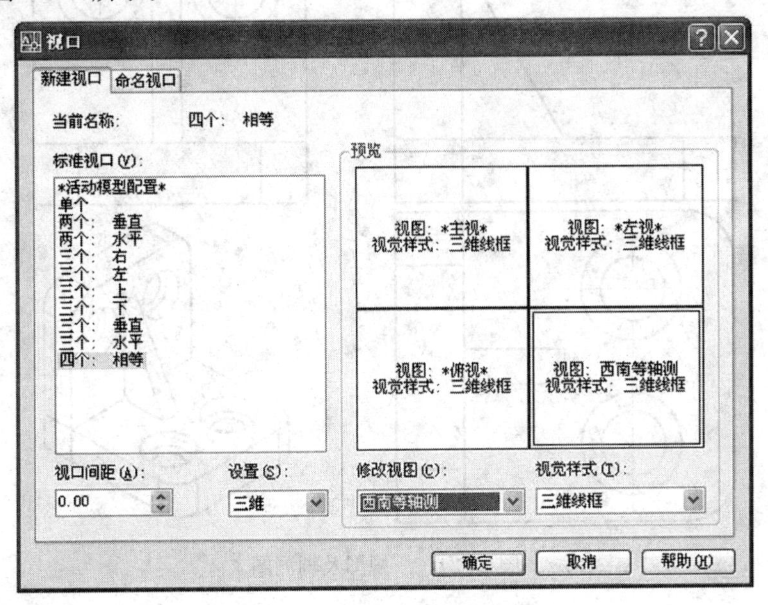

图 12-22　设置后的视口对话框

⑨ 单击“确定”按钮,命令行提示:

指定第一角点或[布满(F)]:＜布满＞

⑩ 选择“矩形”命令,在图中沿边缘内侧拖出一个矩形框,在“布局 1”即显示了多视图,如图 12-23 所示。

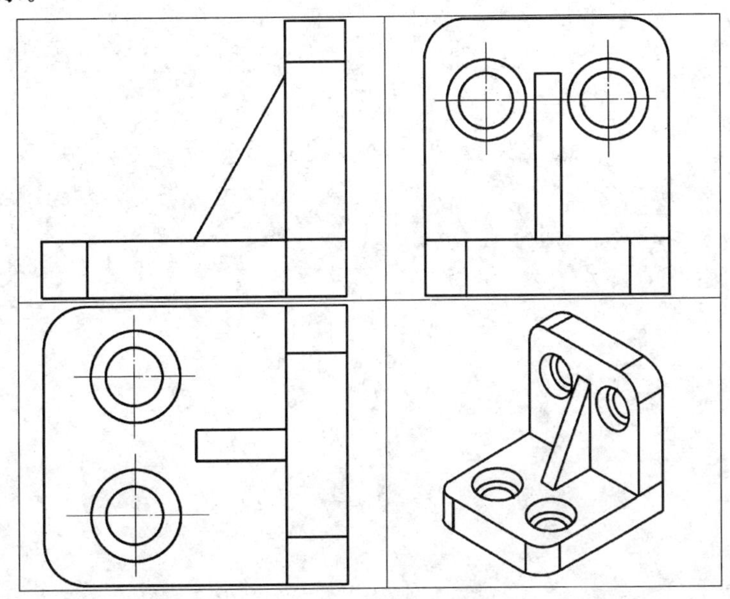

图 12-23　布局 1 的多视图

⑪ 将新图层关闭,同时返回原图层操作,出现如图 12-24 所示需要的视图。

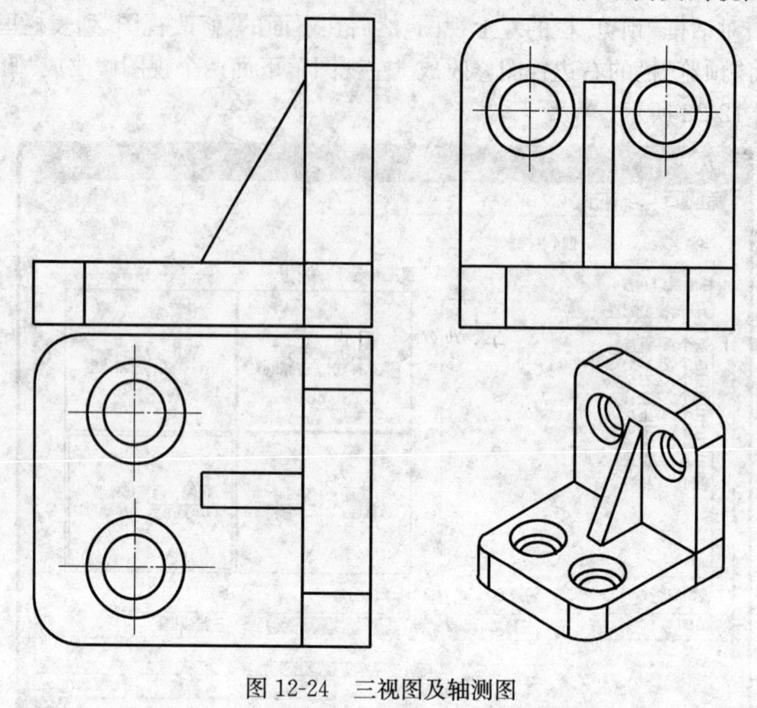

图 12-24　三视图及轴测图

练　　习

1. 在模型空间绘制图形,从图纸空间打印出一张 A4 图纸。
2. AutoCAD 2007 可以输入/输出哪些格式文件?

项目十三　综 合 实 训

综合实训一　平面图形绘制

本实训目标是学习图形分析方法；熟练使用直线、构造线、圆、椭圆、图案填充及偏移、修剪常用命令；图形特征点捕捉；掌握简单尺寸标注，如图13-1所示。

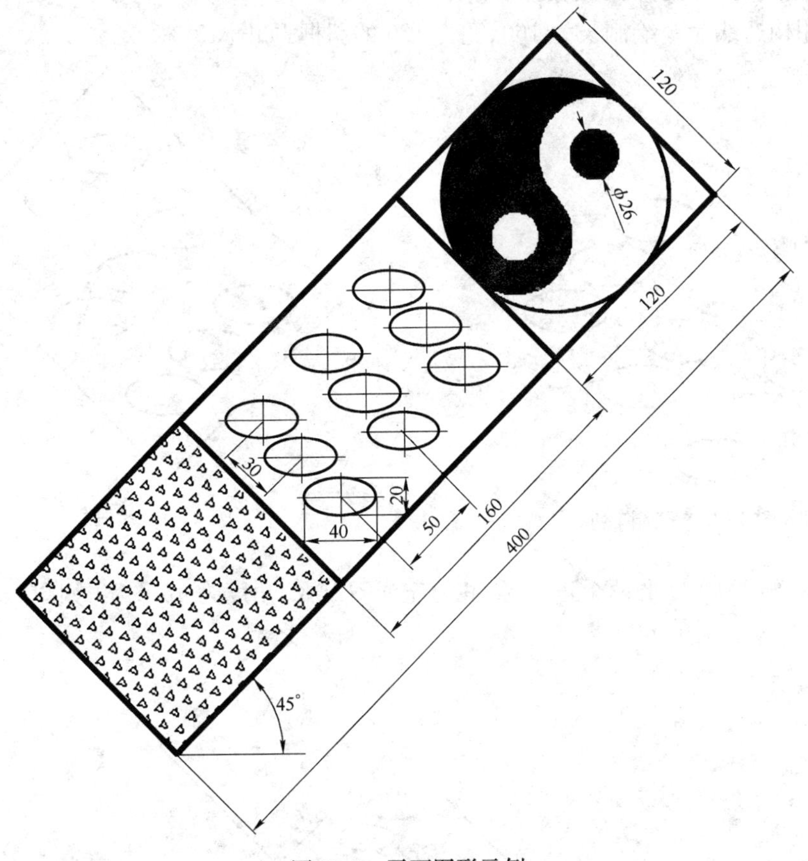

图13-1　平面图形示例

绘制过程如下：

一、设置绘图环境

① 新建图形文件：选择“文件”→“新建”命令，弹出“选择样板”对话框。在对话框中选择“acadiso. dwt”(无样板公制)样板文件，单击“打开”按钮。系统新建一个文件。

② 设置图形界限：选择“格式”→“图形界限(A)”命令，命令行提示：

“指定左下角点或[开(ON)/关(OFF)]<0.0000,0.0000>：”

输入OFF，按【Enter】键。

重复选择“格式”→“图形界限(A)”命令，命令行提示：

"指定左下角点或[开(ON)/关(OFF)]<0.0000,0.0000>:"

在坐标处单击一点,命令行提示:

"指定右上角点<420.0000,297.0000>:"

直接按【Enter】键。

用鼠标按住标准工具栏中"窗口缩放"按钮下拖至"全部缩放",放大视图。

③ 设置需要图层:单击"图层对象管理器"按钮,在弹出的对话框中分别新建点画线层、粗实线层、标注层。

④ 打开状态栏"极轴"、"对象捕捉"、"对象追踪",采用默认的捕捉参数。

二、操作步骤

① 将粗实线层作为当前层。绘制长轴为 40,短轴为 20 的椭圆,并进行行间距为 30、列间距为 50、角度为 45°的阵列,如图 13-2 所示。

② 使用构造线命令绘制长为 160、宽为 120 的斜框,如图 13-3 所示。

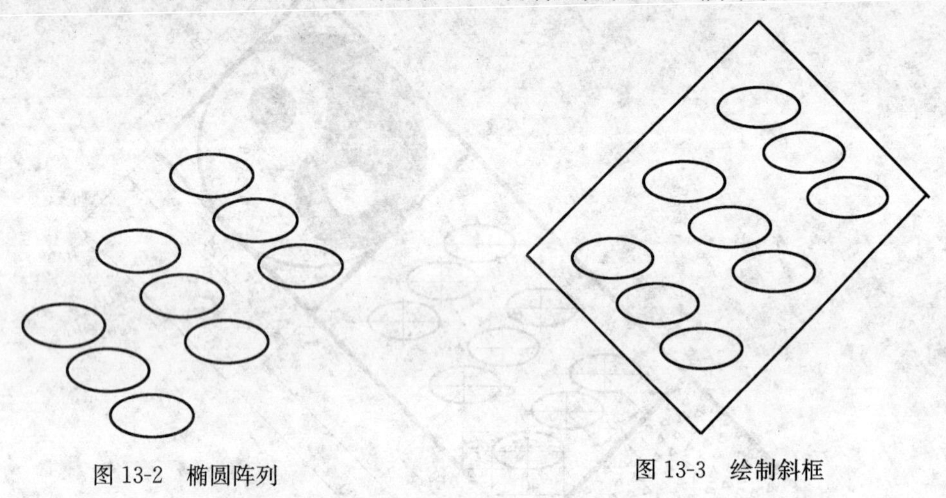

图 13-2　椭圆阵列　　　　图 13-3　绘制斜框

③ 绘制边长为 120 的两个正方形,并填充 TRIANG 角度为 45°图案,如图 13-4 所示。

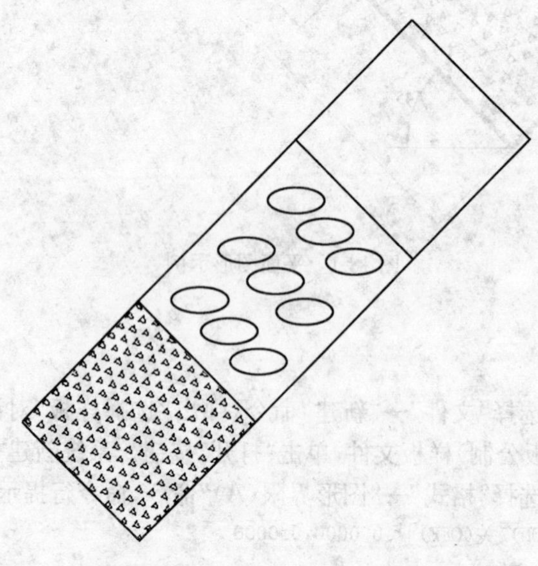

图 13-4　绘制正方形并填充图案

④ 绘制直径分别为 26、60、120 的圆，如图 13-5 所示。

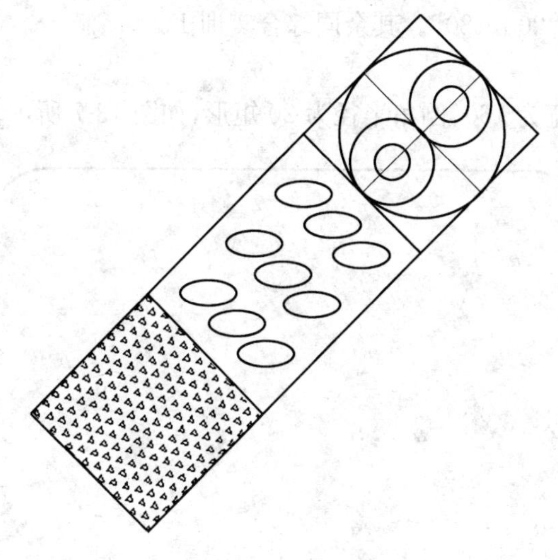

图 13-5　绘制圆

⑤ 对圆进行修剪、填充，并给整个图形标注尺寸，如图 13-1 所示。

综合实训二　复杂形状平面图形绘制

本实训目标是学习复杂平面图形分析方法；熟练使用圆、圆角及圆弧命令；掌握直线及圆弧类对象之间的连接方式；多尺寸标注方法。

对于复杂平面图形，绘制是按从外到里的顺序，标注尺寸是从里向外，从小到大标注。

图 13-6 所示为复杂形状的平面图形，其绘制过程如下：

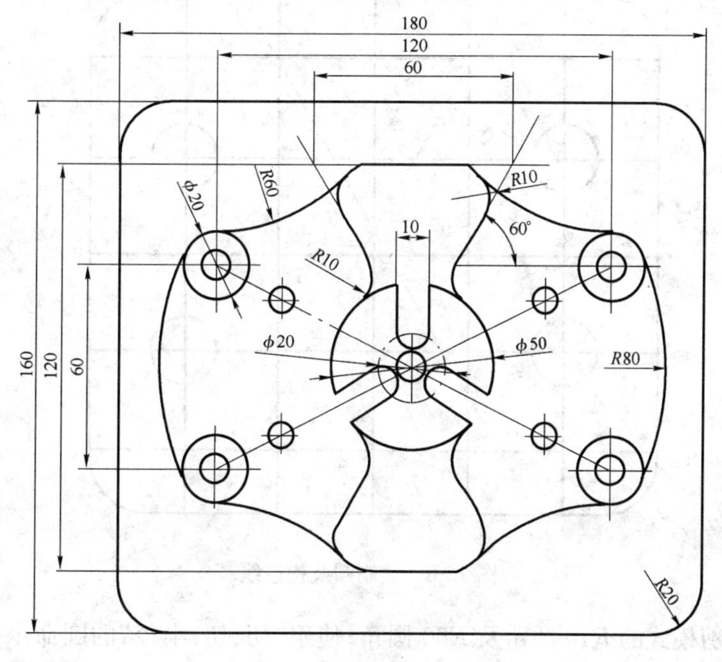

图 13-6　复杂形状的平面图形

一、设置绘图环境

将图形界限设置为“200,180”。其余同综合实训 1。

二、操作步骤

① 绘制长为 180、宽为 160、倒角半径为 20 矩形,如图 13-7 所示。

图 13-7　绘制矩形

② 绘制矩形两条中心线,并分别向上、向下偏移 30、60 和向左、向右偏移 30、60 绘制 4 个直径为 20 的圆及 60°和 120°构造线,如图 13-8 所示。

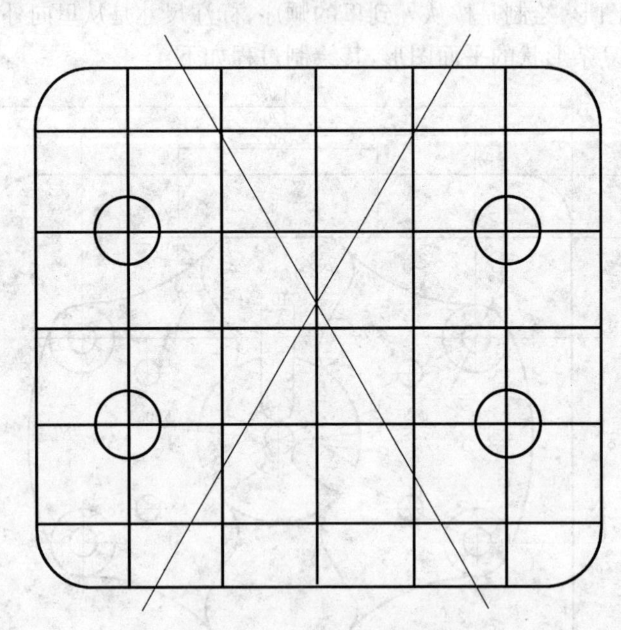

图 13-8　绘制圆及构造线

③ 绘制修剪模式的 $R10$ 圆角及 $R60$ 圆角;使用“切、切、半径”的圆命令方式绘制 $R80$ 圆;修剪多余线段,如图 13-9 所示。

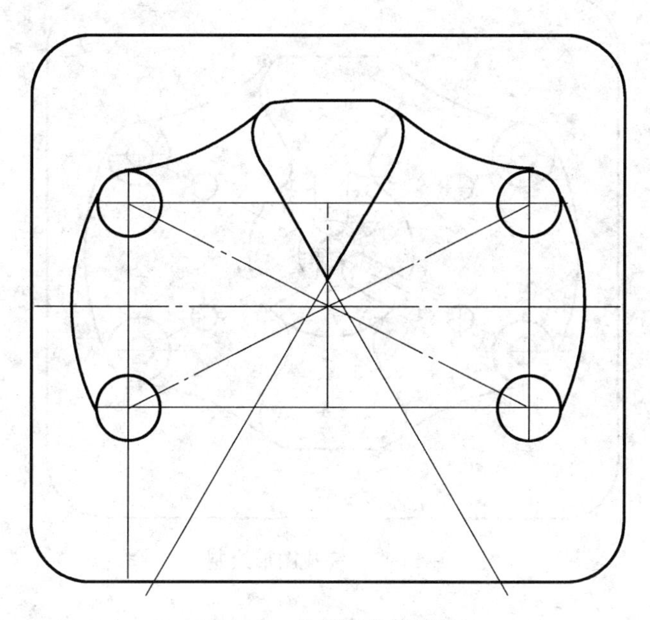

图 13-9　绘制圆角及圆弧

④ 绘制中间直径为 50 的圆和直径为 10 的圆及直径为 20 的辅助圆；绘制两条直线，修剪、阵列，并绘制不修剪模式 $R10$ 的圆角，如图 13-10 所示。

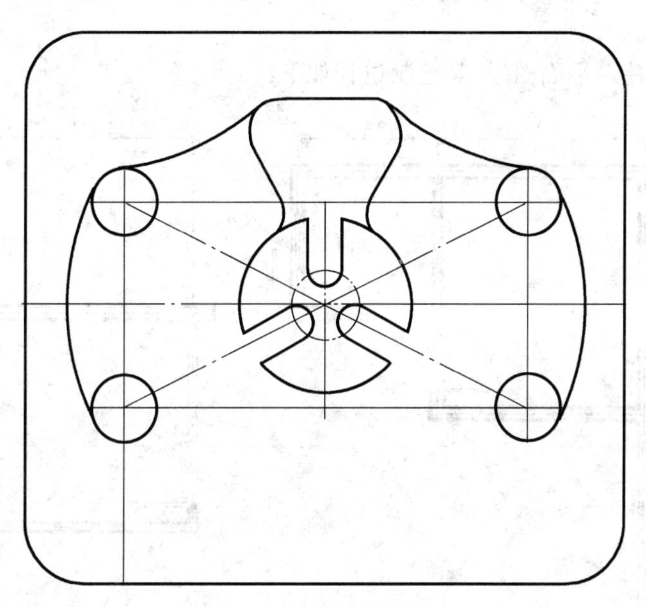

图 13-10　绘制中间部分

⑤ 镜像图形。选中对象捕捉中的“节点”；设置点格式，分别绘制两条对角线的 6 等分点；绘制半径为 4 的圆，删除不需要的圆。修剪后，如图 13-11 所示。

⑥ 标注尺寸。从里向外标注圆及圆角尺寸；按从小到大标注线性尺寸，如图 13-6 所示。

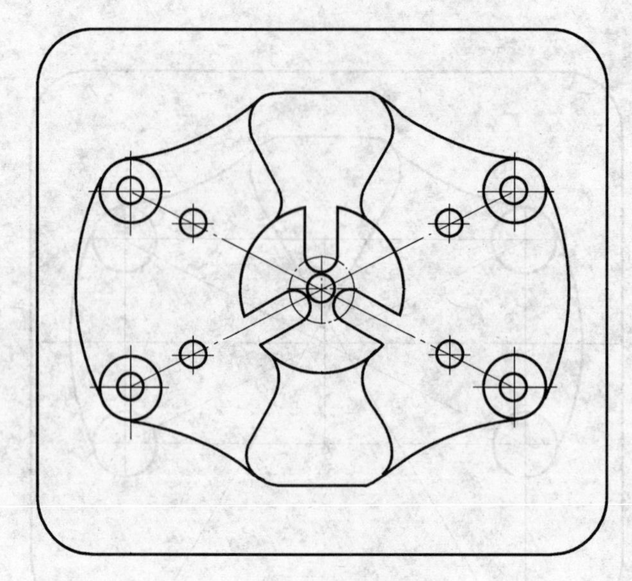

图 13-11　完成图形绘制

综合实训三　建筑平面图形绘制

本实训目标是掌握建筑平面图形绘制步骤。熟悉多线样式设置、绘制及编辑；门、窗绘制及建筑平面图形尺寸标注。

图 13-12 所示建筑平面图形，其绘制过程如下：

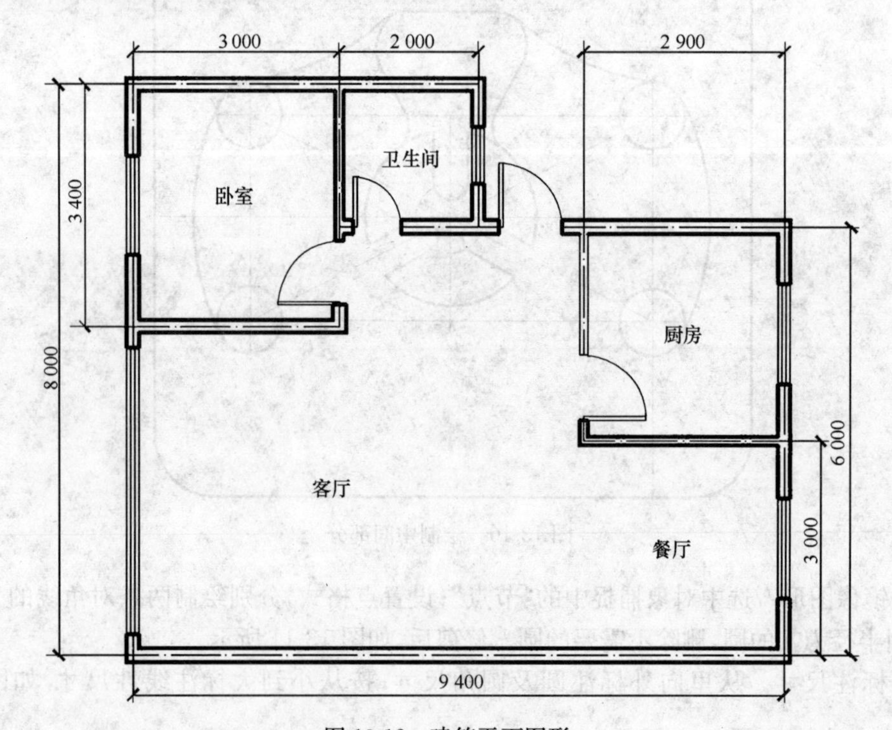

图 13-12　建筑平面图形

一、设置绘图环境

① 新建图形文件:选择“文件”→“新建”命令，弹出“选择样板”对话框。在对话框中选择“acadiso. dwt”(无样板公制)样板文件,单击“打开”按钮。

② 设置图形界限:选择“格式”→“图形界限(A)”命令,命令行提示如下:

“指定左下角点或[开(ON)/关(OFF)]<0.0000,0.0000>:”

输入 OFF,按【Enter】键。

重复选择“格式”→“图形界限(A)”命令,命令行提示如下:

“指定左下角点或[开(ON)/关(OFF)]<0.0000,0.0000>:”

在坐标处单击一点,命令行提示如下:

“指定右上角点<420.0000,297.0000>:”

输入“13000,10000”,按【Enter】键。

用鼠标单击“标准”工具栏中“窗口缩放”按钮下拖至“全部缩放”松开,放大视图。

③ 设置图层:单击“图层对象管理器”按钮,在弹出的对话框中分别新建名为“轴线”、“墙体”、“门窗”、“尺寸标注”、“注写文本”图层,分别设置颜色、线型、线宽。

④ 打开状态栏“极轴”、“对象捕捉”、“对象追踪”,采用默认的捕捉参数。

二、绘制轴线

将当前图层设置为“轴线”层。并从对象特性工具栏上的“线型控制”下拉列表中选择“其他”选项,在弹出的“线型管理器”对话框中单击“显示细节”按钮,将“全局比例因子”设为 30。绘制图 13-13 所示的建筑平面图轴线。客厅窗口为 4 000;卧室、餐厅、厨房窗口为 1 400;厕所为 800;门洞 900,厕所门洞 700。

图 13-13　绘制轴线

三、绘制墙体

（一）设置多线样式

选择“格式”→“多线样式”命令,弹出“多线样式”对话框,单击“新建”按钮,输入“新样式名”后,单击“继续”按钮,弹出“新建多线样式”对话框,在“封口”选项组中,起点、端点选“直线”;角度选 90°。单击“确定”按钮返回,单击“置为当前”按钮,再单击“确定”按钮。

（二）绘制多线

① 绘制外墙体命令：选择“绘图”→“多线”命令，命令行提示、操作如下：

指定起点或[对正(J)/比例(S)/样式(ST)]：　//输入 J,↙
输入对正类型[上(T)/无(Z)/下(B)]<上>：　//输入 Z,↙
指定起点或[对正(J)/比例(S)/样式(ST)]：　//输入 S,↙
输入多线比例：　//输入 180,↙
指定起点或[对正(J)/比例(S)/样式(ST)]：　//绘制外墙体

② 绘制内墙体：绘制方法同上。将多线比例输入 120，如图 13-14 所示。

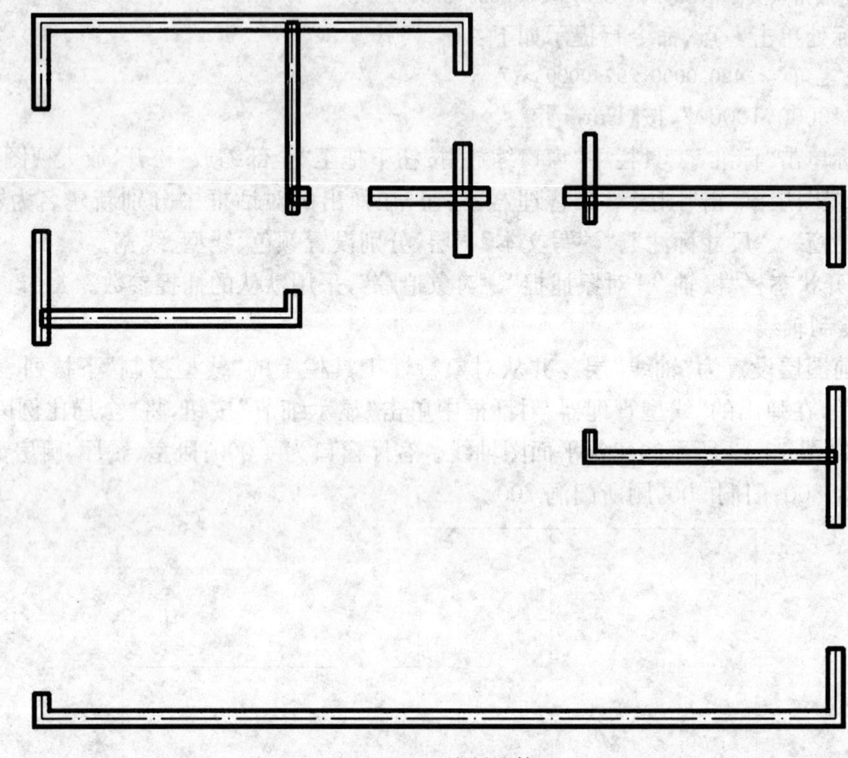

图 13-14　绘制墙体

（三）编辑多线

选择“修改”→“对象”→“多线”命令，弹出“多线编辑工具”对话框，单击“T 形打开”工具，编辑多线。效果如图 13-15 所示。

四、绘制窗

使用偏移命令，在窗口处绘制 4 条间隔 60 的平行线。

五、绘制门

绘制一个长为 900 mm，宽为 50 mm 的矩形，以角点为圆心、900 m 为半径绘圆，修剪后得门的图形。同理，绘制洞口为 700 mm 的门，如图 10-16 所示。将门复制、旋转插入图形中，如图 13-17 所示。

六、标注文本和尺寸

① 注写文本：文字高度设为 220。

② 标注尺寸：采用连续标注方法，箭头用建筑标记，大小用 150，效果如图 13- 12 所示。

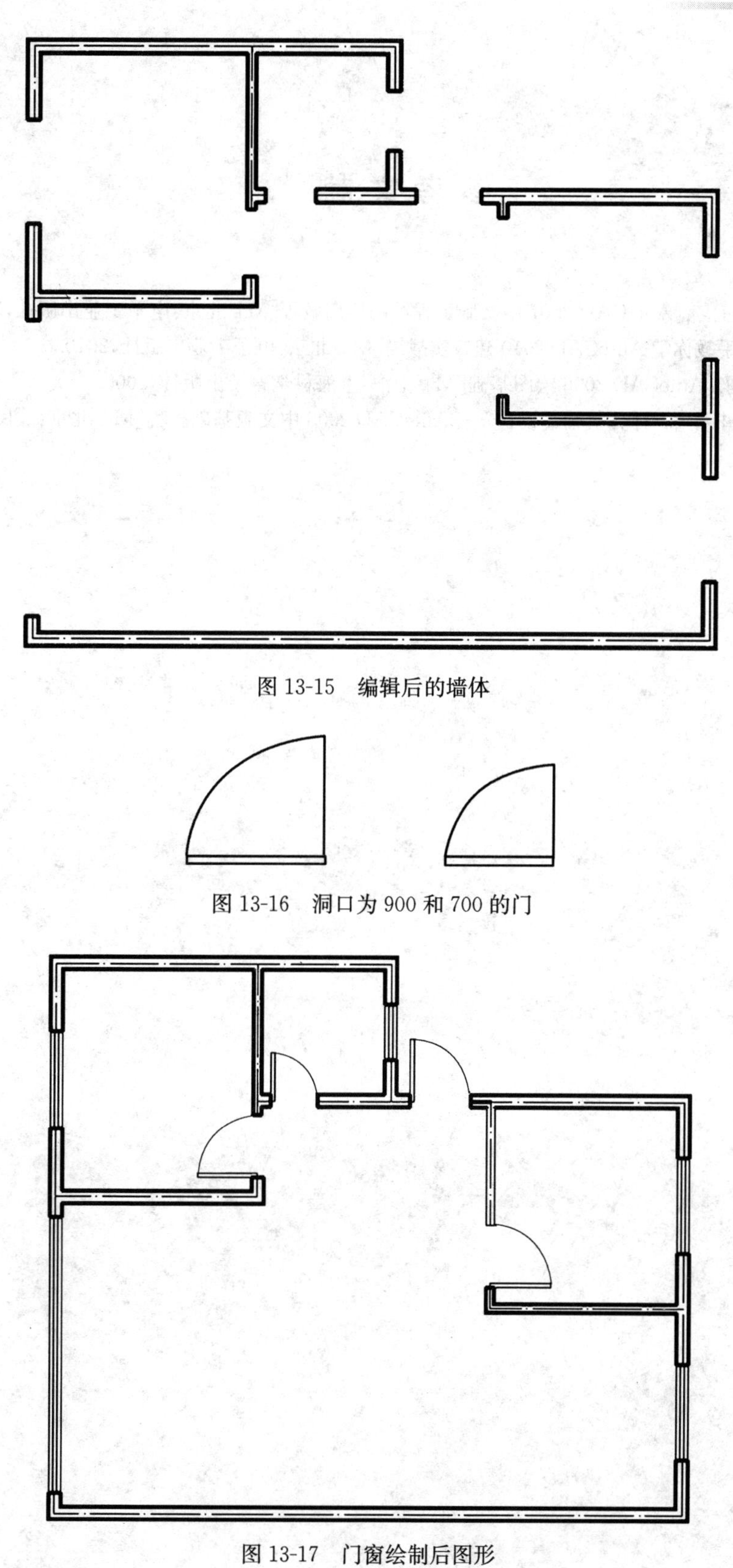

图 13-15　编辑后的墙体

图 13-16　洞口为 900 和 700 的门

图 13-17　门窗绘制后图形

参考文献

[1] 刘小伟,郭军,王萍. AutoCAD 2007 中文版工程绘图实用教程[M]. 北京:电子工业出版社,2007.

[2] 程光远. 手把手教你学 AutoCAD 2010 建筑实战篇[M]. 北京:电子工业出版社,2010.

[3] 周久华,何世勇. AutoCAD 2006 绘图基础[M]. 上海:上海科学普及出版社,2008.

[4] 姜勇,刘义军,李善峰. 计算机辅助设计——AutoCAD 2008 中文版基础教程[M]. 北京:人民邮电出版社,2008.

欢迎使用中国铁道出版社教材

天勤教育网（www.edusources.net）是中国铁道出版社旗下全资公司——北京国铁天勤文化发展有限公司创办的教学资源服务平台，网站以满足广大师生需求为基本出发点，以服务用户为宗旨，为用户提供优质教学资源，本着创新、发展的经营理念，时刻把师生的满意度放在第一位，面向实际，面向用户，开拓进取，追求卓越，全力打造国内专业教学资源品牌，努力创建领先教学资源服务基地，力争为教育事业做出巨大贡献！

登录天勤教育 www.edusources.net

充值金额在天勤教育网站有以下用途：

1.参加认证培训
2.使用实训软件
3.使用助学系统
4.购买书籍
5.兑换礼品
6.下载资源
7.在线测评
8.就业咨询
9.使用在线考试系统

热线电话：400-668-0820

充值

充值专用序列号 **TQ001**

中等职业学校数控技术应用专业改革发展创新系列教材

- 数控车床编程与操作
- 数控铣床编程与操作
- 数控机床调试与维修
- AutoCAD实训教程
- CAXA电子图板2011机械版
- CAXA制造工程师实训教程
- 数控机床PLC控制技术
- 机械制造工艺基础
- 车工工艺与技能训练
- 钳工实用教程
- 机械基础常识

责任编辑：李中宝　**封面设计**：刘　颖

中国铁道出版社　教材研究开发中心
地址：北京市西城区右安门西街8号
邮编：100054
网址：http:// www.51eds.com
读者热线：400-668-0820

ISBN 978-7-113-14874-4　定价：19.00 元

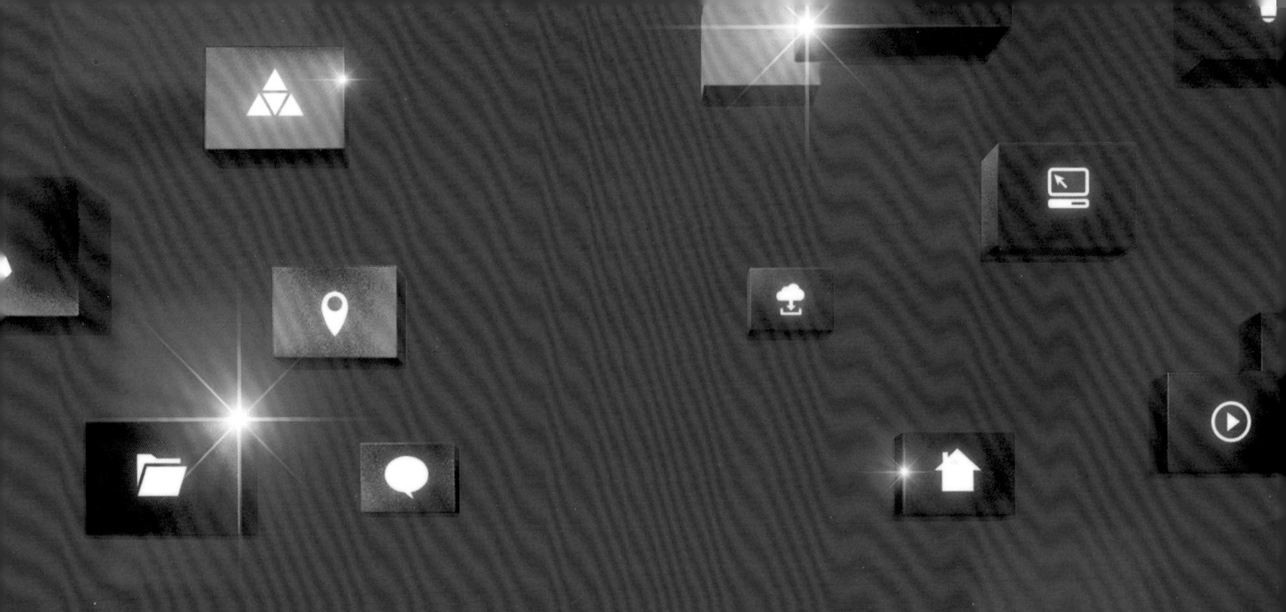

全国高等院校计算机基础教育“十三五”规划教材

程序设计与实践（C）实验教程

CHENGXU SHEJI YU SHIJIAN (C) SHIYAN JIAOCHENG

臧劲松 主 编
黄小瑜 刘丽霞 胡春燕 杨 赞 副主编
夏 耘 主 审

中国铁道出版社有限公司
CHINA RAILWAY PUBLISHING HOUSE CO., LTD.